网络空间安全
技术丛书

实用安全多方计算
导　论

[美] 戴维·埃文斯　弗拉基米尔·科列斯尼科夫　迈克·罗苏莱克　著
　　David Evans　　　　Vladimir Kolesnikov　　　　Mike Rosulek

刘巍然 丁晟超 译

A PRAGMATIC
INTRODUCTION TO
SECURE MULTI-PARTY
COMPUTATION

机械工业出版社
CHINA MACHINE PRESS

图书在版编目（CIP）数据

实用安全多方计算导论 / （美）戴维·埃文斯（David Evans），（美）弗拉基米尔·科列斯尼科夫（Vladimir Kolesnikov），（美）迈克·罗苏莱克（Mike Rosulek）著；刘巍然，丁晟超译 . -- 北京：机械工业出版社，2021.5（2024.1 重印）

（网络空间安全技术丛书）

书名原文：A Pragmatic Introduction to Secure Multi-Party Computation

ISBN 978-7-111-68140-3

I. ①实… II. ①戴… ②弗… ③迈… ④刘… ⑤丁… III. ①网络计算 IV. ①TP393.027

中国版本图书馆 CIP 数据核字（2021）第 076916 号

北京市版权局著作权合同登记　图字：01-2020-2381 号。

Authorized translation of the English language edition, entitled *A Pragmatic Introduction to Secure Multi-Party Computation*, ISBN-13: 978-1680835083, by David Evans, Vladimir Kolesnikov, and Mike Rosulek, published by Now Publishers, Inc., Copyright © 2018 David Evans, Vladimir Kolesnikov, and Mike Rosulek. This edition is published and sold by permission of Now Publishers, Inc., the owner of all rights to publish and sell the same.

All rights reserved.

Chinese simplified language edition is published by China Machine Press, Copyright © 2021 by China Machine Press.

本书中文简体字版由 Now Publishers, Inc. 授权机械工业出版社独家出版。未经出版者预先书面许可，不得以任何方式复制或抄袭本书的任何部分。

安全多方计算（Secure Multi-Party Computation，MPC）已经从 20 世纪 80 年代的理论构想发展成为当今用于构建实际系统的工具。在过去的十年间，MPC 已成为理论密码学和应用密码学领域最活跃的研究方向之一。本书介绍一系列重要的 MPC 协议，总结应用 MPC 构建隐私保护应用时的效率提升方法。在总览相关研究领域、详解主要协议构造方案的同时，介绍目前 MPC 活跃的研究方向，从而让读者了解现在可以通过实际应用 MPC 来解决哪些问题，以及不同的安全模型和安全假设从何种层面影响不同方法的实用性。

本书内容前沿，注重实际应用，是安全多方计算领域不可多得的入门著作，不但适用于有意涉足 MPC 领域的研究者，也适用于想在实际业务场景中应用 MPC 技术的实践者。

出版发行：机械工业出版社（北京市西城区百万庄大街 22 号　邮政编码：100037）

责任编辑：姚　蕾　　　　　　　　　　　责任校对：殷　虹

印　　刷：北京建宏印刷有限公司　　　　版　　次：2024 年 1 月第 1 版第 4 次印刷

开　　本：186mm×240mm　1/16　　　　印　　张：12.5

书　　号：ISBN 978-7-111-68140-3　　　定　　价：79.00 元

客服电话：(010) 88361066　68326294

推荐序一

　　网络通信与大数据已经渗透到数字经济和人们生活的方方面面。然而，在享受信息技术带来的便利的同时，隐私泄漏、信息滥用等数据安全事件层出不穷。为保护公民的隐私与数据安全，各国纷纷出台了相应的法律法规。而密码技术作为隐私保护和数据安全的支撑技术，无疑也得到了全球范围内学术界和工业界的高度重视。

　　数据与劳动、资本、土地、知识、技术、管理一起，组成了七大生产要素。数据安全事关广大人民群众的利益、数字经济的高质量发展，并关乎国家安全。如何在实现数据安全和隐私保护的同时，打破"数据孤岛"，实现数据安全共享交换，成为急需解决的问题。20 世纪 80 年代，姚期智院士以百万富翁问题为例，提出了安全多方计算的概念：互不信任的参与方在不泄漏各自私有输入的条件下，如何安全地计算一个事先约定的函数。经过将近 40 年的不断发展，安全多方计算如今已经从理论研究走向实际应用，成为解决数据安全流转问题的重要密码技术。

　　安全多方计算领域发展迅速，但相关的中文教材与专业书籍较少，这阻碍了此密码技术在我国的普及与应用。《实用安全多方计算导论》(*A Pragmatic Introduction to Secure Multi-Party Computation*)是国际著名密码学家 David Evans、Vladimir Kolesnikov 和 Mike Rosulek 撰写的安全多方计算技术教材，得到了国际安全多方计算联盟(MPC Alliance)的推荐，是波士顿大学、布朗大学、乔治·华盛顿大学、斯坦福大学等著名院校讲授安全多方计算协议时所使用的参考书籍。很高兴看到阿里巴巴集团数据技术及产品部、阿里巴巴-浙江大学前沿技术联合研究中心、安比实验室专家将这一优秀的教材译成中文，帮助国内密码学研究人员和密码学从业人员更快地了解和学习这一重要的密码学技术。相信本书的出版将促进我国密码协议的学术研究，吸引更多青年学者投身到密码协议的研究与应用中，并为我国众多的密码应用（例如区块链的隐私保护与可证明安全的区块链安全模块设计等）提供必要的基础知识与技术支撑。

王小云

中国科学院院士、国际密码协会会士

推荐序二

人类已经从 IT 时代走向了以服务大众、激发生产力为主的 DT（Data Technology）时代，以云计算、大数据和人工智能为代表的 DT 时代新技术革命已经渗透至各行各业，重塑了人类的生活。在 DT 时代，人们比以往任何时候更容易收集到更丰富的数据。数据作为一种新的能源，正在变革我们的生产和生活，并推动大数据行业蓬勃发展。

丰富、细粒度的数据催生了数据共享交换需求，各地区、各部门间的数据共享交换，可以有效提升社会数据资源价值，培育数字经济新产业、新业态和新模式。然而，随着个体和组织对数据安全的重视以及《通用数据保护条例》（General Data Protection Regulation，GDPR）等一系列隐私保护法案的出台，传统粗放式的数据共享方式受到了挑战，数据所有方重新回到数据孤岛的状态。数据安全与隐私保护的难题已成为数据共享交换的核心阻碍，隐私泄漏和数据滥用如同达摩克利斯之剑悬在公司和组织头上。

安全多方计算（Secure Multi-Party Computation，MPC）是解决数据安全与隐私保护问题的关键安全数据交换技术。经过将近 40 年的研究与发展，MPC 已从理论走向现实，成为构建数据安全与隐私保护系统的核心技术。然而，MPC 涉及复杂的密码学和工程实现技术，行业长期缺乏同时具备 MPC 研究、应用和实现能力的综合性人才，这阻碍了 MPC 的快速发展和应用。《实用安全多方计算导论》（*A Pragmatic Introduction to Secure Multi-Party Computation*）是一本优秀的 MPC 书籍，将这一学习材料引入国内，将使国内相关从业人员快速了解 MPC 的基本概念和基本原理，加速推进 MPC 的实现和应用。阿里巴巴集团数据技术及产品部致力于为阿里巴巴集团内外提供大数据方面的系统服务。阿里巴巴-浙江大学前沿技术联合研究中心已经全面启动了 MPC 的研究课题。相信阿里巴巴集团数据技术及产品部、阿里巴巴-浙江大学前沿技术联合研究中心、安比实验室专家翻译的《实用安全多方计算导论》会为同行带来新的启发和借鉴。

朋新宇

阿里巴巴集团副总裁、数据技术及产品部总经理

译者序

安全多方计算（Secure Multi-Party Computation，MPC）由姚期智先生于 1982 年提出。MPC 允许参与方在数据机密性得到保护的条件下完成联合计算任务，使各个参与方除计算结果之外无法获得其他任何信息，从技术层面真正实现数据可用不可见的安全目标。MPC 是密码学非常活跃的研究领域之一。经过将近 40 年的发展，MPC 已经从理论构想逐渐发展为可在实际中应用的密码学工具，在数字资产安全管理、隐私保护机器学习、多方联合数据洞察等场景具有广泛的应用前景。

遗憾的是，市面上缺乏优秀的 MPC 学习资料。传统密码学教材一般不涉及 MPC，或只是简单地一笔带过。著名密码学家 Oded Goldreich 的《密码学基础》（*Foundation of Cryptography*）从理论层面详细介绍了 MPC 的定义和安全性，但阅读此书需要读者具备一定的密码学（尤其是理论密码学）基础。本书从应用层面出发，深入浅出又不失严谨地系统介绍了现今最前沿的高效 MPC 协议。本书不仅适用于有意涉足 MPC 领域的研究者，也适用于想在实际业务场景中应用 MPC 技术的实践者。对于有志于进一步深入研究 MPC 的读者，我们仍然建议阅读原始英文版书籍，以更准确地理解相应的内容。

在此，感谢在翻译过程中为我们提供帮助的所有人。本书的三位作者均为活跃在 MPC 研究领域的资深研究人员。在翻译过程中，我们得到了三位作者的充分支持和帮助。特别感谢 David Evans 教授，他即时解答了我们在翻译过程中发现和遇到的问题，尽可能缩小了我们在细节上的理解偏差。感谢阿里巴巴集团数据技术及产品部、阿里巴巴–浙江大学前沿技术联合研究中心、安比实验室对本书翻译工作的高度支持和帮助。知乎密码

VIII

学领域优秀回答者段立（知乎昵称：玄星）对本书进行了细致的审阅，提出了大量中肯的修改意见。浙江大学任奎教授、张秉晟教授，上海交通大学郁昱教授，山东大学陈宇教授，美国西北大学汪骁教授，美国印第安纳大学布鲁明顿分校黄炎教授对本书提出了宝贵的意见和建议。上海交通大学胡震恺指出了译文中的一些错误。我们非常荣幸地邀请到清华大学高等研究院"杨振宁讲座"教授、中国科学院院士、国际密码协会会士（IACR Fellow）王小云，阿里巴巴集团副总裁朋新宇为本书撰写推荐序。

感谢机械工业出版社姚蕾老师的信任，使得本书中文版可以在第一时间与国内读者见面。

限于我们的水平，书中表达难免有不妥之处，恳请各位读者批评指正。

刘巍然　丁晟超

致中文版读者

  感谢您阅读我们的安全多方计算书籍。安全多方计算是一项令人兴奋、发展迅速的技术，已经成为构建隐私保护系统的重要工具。从 20 世纪 80 年代姚期智（Andrew Chi-Chih Yao）先生的开创性工作开始，中国密码学家一直处于安全多方计算领域的研究前列。我们非常感谢刘巍然（Weiran Liu）和丁晟超（Shengchao Ding），感谢他们在翻译过程中所做的所有细致工作，他们对书中所有的技术资料进行了深入的审查，并提出了几处重要的勘误。

  我们希望您喜欢学习安全多方计算，并期待在应用密码学的国际社区与您相会。

  致以最美好的祝愿！

Dave、Vlad、Mike

致　　谢

　　感谢 Jeanette Wing 发起了书籍撰写项目，感谢 Now Publishers 的编辑 James Finlay 和 Mike Casey 在整个写作过程中为我们提供的帮助，感谢 Alet Heezemans 帮助本书完成最后的编辑工作。感谢 Patricia Thaine 为本书提出宝贵的意见和详细的更正，感谢刘巍然（Weiran Liu）和丁晟超（Shengchao Ding）为本书进行了中文翻译，并提出了非常详细的建议和更正。

　　Vladimir Kolesnikov 得到了桑迪亚国家实验室（Sandia National Laboratories）的部分资助。桑迪亚国家实验室是一个多任务实验室，由桑迪亚技术和工程解决方案有限责任公司（National Technology and Engineering Solutions of Sandia，LLC.）管理和运营，而桑迪亚技术和工程解决方案有限责任公司是霍尼韦尔国际公司（Honeywell International，Inc.）的全资子公司。

　　Mike Rosulek 得到了美国国家科学基金会（♯1617197）、谷歌研究项目和 Visa 研究项目的部分资助。

　　David Evans 得到了美国国家科学基金会（♯1717950、♯1111781）和谷歌、英特尔、亚马逊研究项目的部分资助。

目　　录

第 1 章

引　言

安全多方计算（Secure Multi-Party Computation，MPC）允许一个群组在不披露任意参与方私有输入的条件下实现联合计算。参与方约定一个待计算的函数，随后应用 MPC 协议，将每个人的秘密输入协议中，联合计算得到函数的输出，同时不泄漏私有输入。自从 20 世纪 80 年代姚期智（Andrew Yao）引入此概念以来，MPC 已经从理论设想发展成构建大规模隐私保护应用系统的重要工具。

本书向对构建隐私保护应用感兴趣的从业人员和希望研究此领域的研究人员介绍 MPC。我们将介绍 MPC 的基本概念，也将介绍 MPC 当前最新的研究进展。我们的目标是让读者理解哪些问题是当今可被解决的，哪些问题是未来可能会被解决的，从而为使用 MPC 构建应用程序，为开发、实现、应用 MPC 协议，为构建 MPC 工具提供一个出发点。基于这一目标，我们重点站在应用的角度介绍相关内容，不提供形式化安全性证明。

安全计算（Secure Computation）这一术语可以涵盖所有执行数据计算的同时保证数据机密性的方法。有些计算过程还可以允许参与方确信计算结果确实是函数在所提供输入上的输出。一般称这种计算为可验证计算（Verifiable Computation）。

安全和可验证计算主要包括两种类型：外包计算（Outsourced Computation）和多方计算（Multi-Party Computation）。我们主要关注多方计算。但为了帮助读者区分外包计算和多方计算，我们首先简要介绍外包计算。

1.1   外包计算

在外包计算中，第一个参与方拥有数据，希望能够获得该数据的计算结果，称为数据所有方。第二个参与方接收并存储加密后的数据，在加密数据上执行计算，将加密结果返回给数据所有方。在整个过程中，第二个参与方无法得到与输入数据、中间结果、最终结果相关的任何信息。数据所有方可以解密返回的计算结果以得到输出。

同态加密（Homomorphic Encryption）方案允许在加密数据上执行运算。应用此密码学原语可以很自然地实现外包计算。部分同态加密（Partially-homomorphic Encryption）方案只允许在加密数据上执行特定的运算。目前，学者们已经构造出一些部分同态加密方案（Paillier，1999；Naccache and Stern，1998；Boneh et al.，2005）。当一些计算问题只涉及部分同态加密方案所支持的运算时，则可以应用部分同态加密方案构建解决这些特定计算问题的应用系统。

如果想实现全同态加密（Fully Homomorphic Encryption，FHE），则方案必须支持通用运算集（即同时支持加法和乘法运算，支持常数 0 和 1 及其相关运算），这样才能在加密数据上实现对任意有限函数的计算支持。虽然 Rivest 等人（Rivest et al.，1978）在 1978 年就提出了 FHE 的构想，但经过 31 年的努力，Gentry 才于 2009 年提出了第一个 FHE 方案（Gentry，2009）。此方案基于格密码学构造。虽然很多学者都对实现 FHE 方案投入了相当的兴趣和努力，如 Gentry 和 Halevi（Gentry and Halevi，2011）、Halevi 和 Shoup（Halevi and Shoup，2015），以及 Chillotti 等人（Chillotti et al.，2016）均开展了相应的研究和实现工作，但应用 FHE 构建安全、可部署、可扩展的应用系统仍然是一个难以实现的目标。

从基本形式上看，FHE 和 MPC 是两种完全不同的 MPC 实现方法，因此不应该直接对比 FHE 和 MPC。不过，这两种方法的确实现了类似的功能。与此同时，可以在 FHE 中引入多密钥技术，从而应用 FHE 实现 MPC（Asharov et al.，2011；López-Alt et al.，2012；Mukherjee and

Wichs，2016)。与 MPC 相比，FHE 可以提供更优的渐近通信效率，但需要牺牲计算效率。相关文献指出，在典型应用场景和典型参数设置下，最先进的 FHE 方案实现(Chillotti et al.，2017)要比两方和多方安全计算的计算效率低几千倍。总的来看，FHE 和 MPC 的性能对比结果取决于计算和通信带宽的相对成本。在诸如设备在数据中心内部建立连接的高带宽场景下，MPC 的性能远远好于 FHE。随着 FHE 技术的不断发展，随着通信带宽成本相对于计算成本的增加，基于 FHE 的技术在很多应用场景下都可能比 MPC 更有竞争力。

我们不会在本书中专门对外包计算或 FHE 展开进一步的讨论。但需要注意的是，安全多方计算中的一些优化技术也适用于 FHE 和外包计算。Shan 等人(Shan et al.，2018)撰写了一篇外包计算领域的综述，总结了外包计算领域的相关成果。

1.2　多方计算

MPC 的目标是允许一组相互独立的数据所有方在互不信任且不信任任何公开第三方的条件下，以各自的秘密为输入联合完成某个函数的计算。MPC 与外包计算的不同之处在于，MPC 中所有协议参与方都是数据所有方，都需要参与协议的执行过程。第 2 章将给出 MPC 的正式定义，并介绍 MPC 中最常用的威胁模型。

MPC 简史。20 世纪 80 年代早期，姚期智(Andrew Yao)在论文中提出了 MPC 的基本思想(Yao，1982)。该论文介绍了 MPC 的一般概念：m 个参与方希望联合计算一个函数 $f(x_1,x_2,\cdots,x_m)$，其中 x_i 是第 i 个参与方的私有输入。经过历时几年的一系列讨论后(但讨论内容没有发表在任何正式出版物中)，姚期智提出了乱码电路协议。该协议仍然是很多高效 MPC 实现所依赖的基础协议。我们将在 3.1 节详细讨论此协议。

MPC 思想提出之后的 20 年内，MPC 只在理论层面得到了一定程度的关注。直到 21 世纪，随着协议的不断改进和计算成本的不断优化，使用通用 MPC 构建应用系统才从理论走向了现实。第一个值得关注的通用 MPC

实现是 Fairplay 系统（Malkhi et al.，2004）$^{\ominus}$。Fairplay 证明了这样一种可能性：用高级语言描述隐私保护程序，将其编译成可执行程序，持有私有数据的参与方分别运行可执行程序，从而实现 MPC 协议。然而，此系统的可扩展性受限、执行性能较差，只能作为一个实验性玩具程序使用。Fairplay 论文中最复杂的应用程序是计算两个有序数组的中位数，其中每个参与方的输入是排好序的 10 个 16 比特长的数字。此函数涉及 4383 个电路门，协议执行时间超过 7 秒（两个参与方通过局域网建立通信连接）。从那时开始到现在，由于密码算法、密码协议、网络质量和硬件效率的综合优化，MPC 协议的执行效率至少被提高了五个数量级。这使得 MPC 可以进一步扩展并应用在更多有趣、重要的应用系统中。

　　通用和专用 MPC。姚期智的乱码电路协议是一个通用 MPC 协议。只要待计算的函数是一个离散函数，且此函数可以用固定大小的电路描述，就可以用乱码电路协议实现此函数对应的 MPC 协议。MPC 的一个重要子领域侧重于实现某些专用功能函数，如隐私保护集合求交（Private Set Intersection，PSI）。对于专用功能函数，可能存在比最优通用 MPC 协议更高效的专用 MPC 协议。特定的应用场景可以直接使用专用功能函数，也可以将专用功能函数作为构建其他应用程序的基础模块。我们主要关注通用 MPC 协议，但由于隐私保护集合求交是一个特别有用的专用功能函数，我们会在 3.8.1 节专门对其展开讨论。

1.3　MPC 应用

　　MPC 允许多个互不信任的数据所有方协作计算某个函数，使构建隐私保护应用程序成为可能。本节我们重点介绍一些可以应用 MPC 构建的隐私保护应用程序实例。本节给出的例子远远无法覆盖 MPC 的全部应用场景，只是为了直观展示 MPC 的应用范围和可扩展性。

　　$\ominus$　"Fairplay" 可翻译为 "公平参与"，象征着参与方可应用 "Fairplay" 实现公平计算。——译者注

姚期智的百万富翁问题。引入 MPC 思想的计算问题是一个玩具问题，而不是一个实际应用问题。姚期智言简意赅地描述了这个问题（Yao，1982）：“两位百万富翁想知道谁更富有，但除此之外，他们不想得到与对方实际财富数额相关的任何其他信息。”也就是说，两位百万富翁的目标是计算 $x_1 \leqslant x_2$ 的布尔值返回结果，其中 x_1 是第一个参与方的私有输入，x_2 是第二个参与方的私有输入。姚期智的百万富翁问题虽然非常简单，但可以很清晰地说明 MPC 在具体应用场景下要解决的问题。

安全拍卖。我们很容易理解拍卖过程中所需的隐私保护性质。实际上，只有所有参与方（包括投标者和售卖者）都相信拍卖过程满足隐私性和不可延展性，拍卖才能顺利、安全地执行。投标隐私性（Bid Privacy）要求任何投标者都无法得知其他投标者的出价（拍卖完成后可能会透出中标者的出价，这种情况不在考虑范围内）。投标不可延展性（Bid Non-malleability）意味着无法通过修改一个投标者的标书生成一个与此标书出价相关联的标书。例如，如果一个投标者生成一个出价为 n 美元的标书，另一个投标者应该无法根据此标书生成一个出价为 $n+1$ 美元的标书。请注意，拍卖过程满足投标隐私性并不意味着满足投标不可延展性。实际上，有可能设计出一个拍卖协议，此协议可以隐藏标书中的出价，但其他投标者可以在不知道出价的条件下生成一个出价为 $n+1$ 美元的标书。

这些性质对于大多数标准拍卖过程来说都是至关重要的。例如，在暗标拍卖中，为尝试购买资产，投标者需要提交秘密（密封）出价，资产将出售给出价最高的投标者。很显然，第一个投标者的出价对于其他潜在投标者来说必须保密，以防止其他投标者获得不公平的投标优势。同样，如果投标是可延展的，则不诚实的投标者 Bob 可以构造一个仅比 Alice 出价稍高的标书，同样获得不公平的投标优势。最后，必须正确管理和执行拍卖过程，以出价最高者的投标价格将资产出售给该投标者。

维克里拍卖（Vickrey Auction）是另一种暗标拍卖方式，仍然将资产出售给出价最高的投标者，但出售价格并非为最高的出价，而是第二高的出价。此种拍卖方式会激励投标者在拍卖过程中用他们对资产的真实估值出价，但此种拍卖方式同样要求拍卖过程满足投标隐私性和投标不可延展性，且拍卖过程必须按照正确的方式决定拍卖赢家和出售价格。

应用 MPC 可以很轻松地实现上述所有的安全要求。实现方法很简单，只需要将所需的安全要求嵌入功能函数中，应用 MPC 使参与方联合执行拍卖过程即可。所有参与方都可以验证功能函数，随后依赖 MPC 协议实现高可信的拍卖过程，使拍卖以安全、正确、公平的方式进行。

投票。最简单的安全电子投票是联合计算投票的计数结果。与拍卖类似，投票也需要满足隐私性和不可延展性这两个重要的性质（在上述拍卖场景下我们已经讨论了这两个性质）。此外，因为投票是基本民事程序，所以这些性质本身也是法律赋予公民的权利。

说句题外话，我们需要注意，投票属于一类特殊的应用程序实例，这类实例所要求的安全性质无法被标准的 MPC 安全性定义所完全覆盖。特别地，抗强迫性（Coercion Resistance）不是 MPC 的标准安全性质（但可以形式化描述并实现此安全性质(Küsters et al.，2012)）。满足抗强迫性所需要实现的功能是，投票者需要向第三方证明他们是如何完成投票的。如果能实现这一证明过程（例如，投票者可以证明投票所用的随机状态已经被攻击者得知），则第三方可以判断出投票者是否被强迫投票。我们之所以在此介绍投票，是因为可以很自然地将安全投票视为 MPC 的一种应用场景，所以我们不对安全投票的特殊安全需求做深入讨论。

安全机器学习。应用 MPC 可以使机器学习系统在推断和训练阶段实现隐私保护。

在不经意模型推断（Oblivious Model Inference）场景中，服务器端持有一个预先训练好的推断模型，客户端提交推断请求后，获得推断结果，同时保证推断请求对服务器端 S 保密、模型对客户端 C 保密。在这个场景中，MPC 的输入是来自 S 的私有模型、来自 C 的私有测试输入，而 MPC 的输出（输出只能被 C 解码并获取）是模型的推断结果。此场景最近的研究成果是 MiniONN(Liu et al.，2017)。MiniONN 组合使用 MPC 和同态加密技术构建了一种机制，可以将任意标准神经网络转换为不经意模型推断服务。

在机器学习的训练阶段，可以使用 MPC 使一组参与方在合并的数据下进行模型训练，且训练过程不相互暴露自身所拥有的数据。由于大多数

机器学习应用程序的模型训练过程都要用到大规模数据集，因此应用通用
MPC 协议实现跨私有数据集模型训练是不太可行的。一般会组合应用
MPC 和同态加密技术来设计方案（Nikolaenko et al.，2013b；Gascón et
al.，2017），或开发专用 MPC 协议实现高效安全算术运算（Mohassel and
Zhang，2017）。这些方法可以支持百万量级数据集下的模型训练。

其他应用。已经有很多应用程序应用 MPC 实现隐私保护，例如隐私保
护网络安全监控（Burkhart et al.，2010）、隐私保护基因工程（Wang et al.，
2015a；Jagadeesh et al.，2017）、隐私保护稳定匹配（Doerner et al.，2016）、
联系人发现（Li et al.，2013；De Cristofaro et al.，2013）、广告转化率计算
（Kreuter，2017），以及加密邮件中的垃圾邮件过滤（Gupta et al.，2017）。

部署

虽然 MPC 在研究和实验的层面上已经取得了巨大的成功，但在将
MPC 解决方案部署到实际系统中解决实际问题的层面上，我们仍处于早期
阶段。如果想在实际系统中成功部署 MPC 协议，解决相互独立、互不信
任数据所有方的联合计算问题，还需要解决 MPC 执行过程之外的一些挑
战性问题。这些问题包括：如何让参与方相信执行 MPC 协议的系统是安
全、可靠的；参与方如何判断从 MPC 的输出中可以推断出哪些敏感信息；
如何让没有密码学相关背景的决策制定方理解 MPC 协议所带来的安全性
保证，从而为保护隐私数据付出的额外成本买单。

尽管存在这些挑战，目前已经出现了一些成功部署 MPC 的实例，很
多公司正在专注于提供基于 MPC 的安全解决方案。需要强调的是，在当
前 MPC 理解和应用的早期阶段，MPC 承担了数据共享推动者的角色。换
句话说，企业和组织尚未考虑在已有的应用程序上使用 MPC 为这些应用
程序添加一个隐私保护层（但我们相信这一愿景将会在不久后实现）。反之，
企业和组织会应用 MPC 使应用程序支持某一安全特性，甚至应用 MPC 构
建一套新的完整应用程序，以支持数据共享。否则，由于数据资产价值过
高、隐私保护法律法规的限制、参与方之间不信任等原因，将不可能实现
数据共享（或者需要信任专用硬件才能够实现相关功能）。

丹麦甜菜拍卖。丹麦研究人员、丹麦政府以及利益相关方合作，为甜菜生产合同签署的相关参与方构建了一个基于 MPC 的甜菜拍卖平台。丹麦甜菜拍卖平台被广泛认为是 MPC 的第一个商业应用。Bogetoft 等人的报告(Bogetoft et al.，2009)指出，投标隐私性和投标安全性对于拍卖参与方来说是必不可少、至关重要的安全性要求。农民们认为他们的出价可以反映他们的甜菜种植能力和甜菜种植成本，但他们不想将出价透露给丹麦唯一一家甜菜加工公司——Danisco 公司。与此同时，Danisco 公司需要参与拍卖过程，因为只有此公司直接担保的合同才会被市场所认可。

拍卖系统应用三方 MPC 技术实现。三个参与方分别为 Danisco 公司代表、农民协会(DKS)以及研究人员(SIMAP 项目)。正如 Bogetoft 等人所解释的那样(Bogetoft et al.，2009)，之所以选择三方解决方案，一部分原因是三方解决方案本身适用于这一场景，另一部分原因是在三方解决方案中可以使用如秘密分享等满足信息论安全性的高效密码学工具。该项目促成 Partisia 公司的成立，该公司使用 MPC 赋能频谱市场、能源市场等的拍卖应用，也支持诸如数据交换的相关应用(Gallagher et al.，2017)。

爱沙尼亚学生研究。爱沙尼亚是一个被认为拥有先进电子政务和技术意识的国家，然而这个国家 IT 学生的毕业率却触发了告警。令人惊讶的是，在 2007 年到 2012 年间招收的 IT 学生中有将近 43% 的学生未能毕业。一种可能的解释是，IT 行业的招聘策略过于激进，甚至引诱学生放弃完成学业直接参加工作。爱沙尼亚信息和通信技术协会希望依据教育和税务记录开展调查，看两者之间是否存在相关性。然而，隐私保护法律法规阻止教育部和税务局之间共享数据。事实上，教育部和税务局之间允许共享满足 k-匿名性要求的数据，但是在此种数据上进行分析的效果较差，这是因为多数学生不会拥有足够多的具有相似特性的同伴群体。

爱沙尼亚公司 Cybernetica 应用 Sharemind 框架为此场景提供了 MPC 解决方案(Bogdanov et al.，2008)。数据分析通过三方 MPC 技术实现，三个参与方分别为爱沙尼亚信息系统管理局、财政部以及 Cybernetica 公司。Cybernetica 公司(Cybernetica，2017)和 Bogdanov(Bogdanov，2015)的研究报告指出，完成学业期间参加工作和未按时毕业，这两个事件没有相关性，但是接受更多的教育和获得更高的收入具有相关性。

波士顿工资公平性研究。波士顿市和波士顿妇女劳动力委员会(Boston Women's Workforce Council，BWWC)的一项举措希望确认，无论是总监职位还是初级职位，如果雇员拥有不同的性别、种族等人口统计数据，是否意味着雇员的工资水平有所差异。这一举措得到了波士顿地区企业和组织的广泛支持，但出于隐私保护考虑，很难允许雇主直接分享雇员的薪资数据。为了解决这一问题，波士顿大学的研究人员设计并实现了一个基于网页的 MPC 数据聚合工具。该工具允许雇主在满足隐私保护要求的条件下在线提交雇员薪资数据，并从技术和法律角度提供了全面的隐私保护支持，以便开展相应的研究工作。

Bestravros 等人的报告(Bestavros et al.，2017)中指出，MPC 的应用使得 BWWC 可以完成数据分析工作，产出相关报告。BWWC 在完成此项工作时需要与利益相关方召开一系列会议，告知参与 MPC 的风险和收益，同时考虑如何解决数据可用性和信任问题。这项工作的一个间接成果是，美国参议院在最近提出的学生数据分析法案中要求数据分析过程使用 MPC (Wyden，2017)。

密钥管理。当今企业和组织面临的最大问题是，在使用敏感数据时如何对敏感数据进行保护。这是认证密钥技术的最佳应用场景。Unbound Tech(Unbound Tech，2018)产品的核心功能就是为此用例提供解决方案。通常应用 MPC 的目的是避免多个参与方的数据在计算过程中遭到泄漏，但这个场景的目标是防止数据因单点失败遭到泄漏。

为了支持安全登录，企业和组织必须维护相应的私钥。我们以密钥分享身份认证为例来考虑这一问题。每个用户都与企业和组织共享一个随机生成的密钥。每当用户 U 进行身份验证时，企业和组织的服务器都会在数据库中检索用户 U 的密钥 sk_U，应用此密钥对用户 U 进行认证后执行密钥交换协议，允许用户 U 接入网络。

安全社区长期以来一直认为，几乎不可能运行一个完全安全的复杂系统。攻击者很可能对系统进行渗透，从而控制部分网络节点。此种高级攻击者的目的是悄然、持续地对企业和组织进行破坏。有时也称此种高级攻击者

为高级持续性威胁(Advanced Persistent Threat,APT)。很显然,对于 APT
和其他类型的攻击者来说,最有价值的攻击目标肯定是密钥服务器。

MPC 可以在加固密钥服务器中起到重要的作用。加固方式为将密钥服
务器的功能拆分为两个(或者多个)主机,例如 S_1 和 S_2,两个主机共同实现
密钥访问功能。可以在两个不同的软件堆栈上运行 S_1 和 S_2。为降低两个服
务器同时遭受恶意软件攻击的可能性,可以将两个服务器分别运行在两个
不同的子企业和子组织中,最大限度地降低内部威胁。当然,提供身份认
证服务的过程中必然需要访问密钥;但与此同时,由于重建密钥的参与方
可能成为 APT 的攻击目标,因此应该永远不重建密钥。为解决此矛盾,
S_1、S_2 和认证用户 U 这三个参与方将在 MPC 下执行认证协议,身份认证
过程不重建任何秘密信息,这样就可以消除单点脆弱性,加强防御能力。

1.4   内容概览

MPC 是一个热点研究领域,本书只能涵盖 MPC 中最重要的一小部分
内容。我们主要讨论通用 MPC,重点关注两个参与方的情况,并重点考虑
在除一个参与方之外的任何参与方都可能被攻陷的场景。我们在下一章给
出 MPC 的正式定义,并介绍 MPC 中广泛使用的安全模型。虽然本书不包
含任何形式化安全证明,但有必要明确安全性定义,帮助读者更深入地理
解 MPC 提供的安全性保证。我们在第 3 章介绍几种基础 MPC 协议,重点
介绍应用最广泛、能够在任意多个参与方被攻陷的条件下抵御攻击者攻击
的协议。第 4 章总结了高效实现 MPC 协议的相关技术。第 5 章讨论为参与
方提供内存抽象存取能力的亚线性复杂度 MPC 方法。

第 3 章至第 5 章在安全性较弱的半诚实攻击模型下讨论 MPC 的协议构
造(第 2 章将定义半诚实攻击模型)。此攻击模型假设所有参与方都遵循协
议执行过程。我们在第 6 章考虑如何加强 MPC 协议的安全性,使协议可
以抵御主动攻击者的攻击。第 7 章探讨一些可以在安全性和效率之间进行
权衡的其他威胁模型。我们在第 8 章进行总结,概述 MPC 的研究和应用
路线,并提出未来可能的发展方向。

第 2 章

定义安全多方计算

本章，我们将介绍本书所使用的符号和惯用表示，定义一些基础密码学原语，给出 MPC 的安全性定义。虽然我们不会特别关注形式化安全证明和完备的形式化安全性定义，但给出清晰的安全性定义仍然非常重要，这可以帮助读者准确理解所设计的协议应该具有哪些性质。我们在后续章节中所讨论的协议在这些安全性定义下都是可证明安全的。

2.1 符号和惯用表示

我们将安全多方计算(Secure Multi-Party Computation)缩写为 MPC，用这一术语表示两个参与方或者多个参与方之间的安全计算过程。术语安全函数求值(Secure Function Evaluation，SFE)所表示的含义与 MPC 基本相同。在特定场景下，SFE 可以用于表示"仅有一个参与方提供私有输入，由外包服务器计算函数输出"的安全计算过程。因为两方 MPC 是一个非常重要的特例，已经得到了大量针对性的研究，同时两方 MPC 一般与通用 n 方 MPC 有很大的不同，所以我们会在必要时使用术语 2PC 强调我们只考虑两方 MPC。

我们假设每两个参与方之间都存在直连的安全通信信道。很容易在各个参与方之间构建安全通信信道，不过具体构造方法已经超出了本书的讨论范围。

我们用$\mathrm{Enc}_k(m)$和$\mathrm{Dec}_k(m)$分别表示用密钥 k 加密或解密消息 m。我们会交替使用参与方(Party)或参与者(Player)这两个术语表示协议的参与方(Participant),并通常用 P_1、P_2 等表示相应的参与方。我们用 $\mathcal{A}$ 表示攻击者。

可忽略函数 $\upsilon: \mathbb{N} \rightarrow \mathbb{R}$ 是任意一个趋近于 0 的速度比任何逆多项式都快的函数。换句话说,对于任意多项式 p,除了有限多个 n 以外,均有 $\upsilon(n) <$ $1/p(n)$。

我们分别用 κ 和 σ 表示计算安全参数和统计安全参数。计算安全参数 κ 表示攻击者应用离线计算破解一个问题的困难程度,例如破解一个加密算法的困难程度。在实际中,通常将 κ 设置为 128 或者 256。虽然我们仅考虑协议在计算能力受限攻击者下的安全性,但可能存在一些针对交互式协议的攻击方法,即便应用离线计算,也不会使此类攻击的实施变得更容易。例如,协议的交互性质可能只给攻击者一次攻击机会(例如,攻击者需要预测出诚实参与方将在下一轮协议中使用哪个随机数,只有预测成功才能在此轮协议中伪造出一个满足某个特殊性质的消息)。统计安全参数 σ 表示攻击者实施此类攻击的困难程度。在实际中,通常将 σ 设置为一个较小的值,如 40 或者 80。一种正确理解两个安全参数含义的方法是:协议仅有 $2^{-\sigma} + \upsilon(\kappa)$ 的概率不满足安全性,其中 υ 是一个可忽略函数,实际取值由攻击者拥有的资源决定。当考虑具有无穷计算能力的攻击者时,我们忽略 υ 并要求 $\upsilon = 0$。

我们用符号 $\in_R$ 表示从某个分布中均匀随机地采样得到一个元素。例如,我们用"选择 $k \in_R \{0,1\}^\kappa$"表示 k 是均匀随机选取的 κ 比特长字符串。更一般地,我们用"$v \in_R D$"表示依某个概率分布 D 采样得到一个元素。我们通常讨论的是随机算法输出所满足的概率分布。因此,我们用 $v \in_R A(x)$ 表示 v 是以 x 为输入执行随机性算法 A 后得到的输出。

令 D_1 和 D_2 为两个以安全参数为索引的概率分布。另一种等价表述是:D_1 和 D_2 是以安全参数为输入的两个算法$^\ominus$。如果对于所有的算法 A,

---

$\ominus$ 在文献中,通常把 D_1 和 D_2 称为概率分布集(Ensemble)。

存在一个可忽略函数 υ，满足：

$$\Pr[A(D_1(n))=1]-\Pr[A(D_2(n))=1]\leqslant \upsilon(n)$$

则称 D_1 和 D_2 是不可区分的（Indistinguishable）。换句话说，当以根据 D_1 或 D_2 采样得到的样本作为输入时，任何一个算法 A 的执行差异都不会超过可忽略函数。如果仅考虑非均匀（Non-uniform）、多项式时间（Polynomial-time）算法 A，则此定义描述的是计算不可区分性（Computational Indistinguishability）。如果考虑所有算法而不考虑算法的计算复杂性，则此定义描述的是统计不可区分性（Statistical Indistinguishability）。在后一种情况下，两个概率分布的差异上界为两个概率分布的统计距离（Statistical Distance）（也称为总变差距离），定义为：

$$\Delta(D_1(n),D_2(n))=\frac{1}{2}\sum_x |\Pr[x=D_1(n)]-\Pr[x=D_2(n)]|$$

在本书的后续论述中，我们用计算安全性（Computational Security）表示非均匀多项式时间攻击者攻击下的安全性，用信息论安全性（Information-theoretic Security）表示任意攻击者攻击下的安全性（攻击者甚至可能拥有无限的计算资源）[一]。

2.2 基础原语

本节介绍本书涉及的一些基础原语的定义。其他一些很有用的原语实际上是 MPC 的特例（即可以将这些原语定义为专用功能函数的 MPC）。我们将在 2.4 节给出属于 MPC 特例的原语定义。

秘密分享。秘密分享是一个重要的基础原语，是很多 MPC 协议的核心构造模块。简单来说，一个 (t,n)-秘密分享协议可将秘密值 s 分享成 n 个秘密份额。通过任意 $t-1$ 个秘密份额都无法得到与秘密值 s 相关的任何信息，通过任意 t 个秘密份额都可以完整地重建出秘密值 s。秘密分享方案的

[一] 信息论安全性也被称为无条件安全性（Unconditional Security）或统计安全性（Statistical Security）。

安全性有很多不同的定义方法。下面的定义是在 Beimel 和 Chor(Beimel and Chor,1992)定义的基础上修改而来的。

定义 2.1 令 D 为秘密值所在域，令 D_1 为秘密份额所在域。令 Shr：$D \to D_1^n$ 为秘密分享算法（可能是随机性算法），Rec：$D_1^k \to D$ 为秘密重建算法。(t,n)-秘密分享方案包含一对算法(Shr,Rec)，满足下述两个性质：

- **正确性**。令 $(s_1,s_2,\cdots,s_n) = \mathrm{Shr}(s)$，则：
$$\Pr[\forall k \geqslant t, \quad \mathrm{Rec}(s_{i_1},\cdots,s_{i_k}) = s] = 1$$
- **完美隐私性**。任意包含少于 t 个秘密份额的集合都不会在信息论层面上泄漏与秘密值相关的任何信息。更严格地讲，对于任意两个秘密值 $a,b \in D$ 和任意可能的秘密份额向量 $\vec{v} = (v_1,v_2,\cdots,v_k)$，如果 $k < t$，则有
$$\Pr[\vec{v} = \mathrm{Shr}(a)\,|_k] = \Pr[\vec{v} = \mathrm{Shr}(b)|_k]$$
其中 $|_k$ 表示给定向量在 k 维子空间上的适当投影。

我们在多数情况下使用的都是 (n,n)-秘密分享方案，即拥有全部 n 个秘密份额是重建出秘密值的充分必要条件。

随机预言机。随机预言机(Random Oracle，RO)是描述哈希函数安全性的一个启发式模型，由 Bellare 和 Rogaway 首先提出（Bellare and Rogaway，1993）。随机预言机的基本思想是将哈希函数看作公开的理想随机函数。在随机预言机模型中，所有参与方都可以访问用状态预言机实现的公开函数 $H:\{0,1\}^* \to \{0,1\}^\kappa$。给定输入字符串 $x \in \{0,1\}^*$，H 查找自身的调用记录。如果之前从未调用过 $H(x)$，则 H 随机选择 $r_x \in \{0,1\}^\kappa$，记录输入/输出对 (x,r_x)，并返回 r_x。如果之前调用过 $H(x)$，则 H 返回 r_x。预言机通过这种方式实现了一个随机选择函数 $\{0,1\}^* \to \{0,1\}^\kappa$。

随机预言机模型是一个启发式模型，因为此模型只能覆盖将哈希函数 H 视为黑盒的攻击算法。随机预言机模型将公开函数（例如像 SHA-256 这样的标准哈希函数）视为固有随机对象，但现实中不存在这样的公开函数。事实上，（虽然方案本身的构造非常不自然）可以构造出在随机预言机模型下安全，但当 H 被任意具体函数实例化后便不安全的方案

(Canetti et al. ，1998)。

尽管具有这些缺点，但实际应用中通常都可以接受随机预言机模型。如果能假设存在随机预言机，一般都可以设计出更高效的方案。如果一种技术的安全性依赖于随机预言机模型，我们会在相应的描述中特别注明。

2.3 MPC 的安全性

简单地讲，MPC 的目标是让一组参与方在事先约定好某个函数后，可以得到此函数在各自私有输入下的正确输出，同时不会泄漏任何额外信息。我们现在用更形式化的定义来描述 MPC 所能提供的安全性质。首先，我们介绍现实-理想范式(Real-ideal Paradigm)，此范式是定义 MPC 安全性时所用的核心概念。随后，我们讨论 MPC 中最常使用的两个攻击模型。最后，我们讨论组合性问题，即当 MPC 协议调用另一个子协议时，是否仍然可以保证协议的安全性。

2.3.1 现实-理想范式

定义安全性时，很自然的想法是列举一个"安全检查清单"，枚举出哪些情况属于违反安全性要求。举例来说，攻击者不应该得到与另一个参与方输入相关的谓词函数输出，攻击者不应该为诚实参与方提供不可能出现的输出，攻击者的输入不应该依赖于诚实参与方的输入。这种安全性定义方式不仅非常烦琐，而且很容易出现错误。很难说明"安全检查清单"是否枚举出了所有的安全性要求。

现实-理想范式避免采取这种安全性要求描述方式，而是引入了一个定义明确、涵盖所有安全性要求的"理想世界"，通过论述现实世界与理想世界的关系来定义安全性。虽然所使用的术语有所不同，但一般认为 Goldwasser 和 Micali(Goldwasser and Micali，1984)给出的概率加密原语安全性定义是第一个使用现实-理想范式定义和证明安全性的实例。

理想世界。在理想世界中，各个参与方秘密地将自己的私有输入发送给一个完全可信的参与方 $\mathcal{T}$（一般把这个可信的参与方 $\mathcal{T}$ 称为一个功能函数），由后者来安全地计算函数 $\mathcal{F}$。每个参与方 P_i 都拥有自己的私有输入 x_i。各个参与方将私有输入发送给 $\mathcal{T}$，$\mathcal{T}$ 只需要计算 $\mathcal{F}(x_1,\cdots,x_n)$，并将结果返回给所有参与方。通常，我们称 $\mathcal{F}$ 为可信参与方（功能函数），而称 $\mathcal{C}$ 为可信参与方在私有输入下的待运行电路。

我们可以想象一个存在于理想世界的攻击者，它将在理想世界中发起攻击。攻击者可以控制任意一个或多个参与方 P_i，但不能控制 $\mathcal{T}$（这也是把 $\mathcal{T}$ 描述为一个可信参与方的原因）。理想世界清晰而简单的定义使我们很容易理解攻击者对理想世界造成的影响。考虑之前给出的"安全检查清单"：攻击者很明显无法得到除 $\mathcal{F}(x_1,\cdots,x_n)$ 之外的任何信息，因为攻击者只能接收到 $\mathcal{F}(x_1,\cdots,x_n)$；可信参与方发送给诚实参与方的输出都是一致、有效的；攻击者选择的输入与诚实参与方的输入是相互独立的。

虽然很容易理解理想世界的定义，但完全可信第三方的存在使得理想世界只是一个想象中的世界。我们用理想世界作为判断实际协议安全性的基准。

现实世界。现实世界中不存在可信参与方。相反，所有参与方通过协议相互通信。协议 π 为每个参与方 P_i 指定"下一个消息"函数 π_i。"下一个消息"函数的输入是安全参数、参与方的私有输入 x_i、随机带以及 P_i 到目前为止收到的所有消息所构成的列表。随后，π_i 输出要发送到下一个目的地的"下一条消息"，或者指示该参与方给出某个特定的输出，表示中止协议。

在现实世界中，攻击者可以攻陷参与方。在协议开始执行之前就被攻陷的参与方与原始参与方就是攻击者是等价的。根据威胁模型的定义（下一节将展开讨论），攻陷参与方可以遵循协议规则执行协议，也可以任意偏离协议规则执行协议。

直观地讲，如果攻击者实施攻击后，其在现实世界中达到的攻击效果与其在理想世界中达到的攻击效果相同，则可以认为现实世界中的协议是安全的。换句话说，协议的目标是（在给定一系列假设的条件下）使其在现实世界中提供的安全性与其在理想世界中提供的安全性等价。

2.3.2　半诚实安全性

半诚实(Semi-honest)攻击者可以攻陷参与方，但会遵循协议规则执行协议。换句话说，攻陷参与方会诚实地执行协议，但可能会尝试从其他参与方接收到的消息中尽可能获得更多的信息。请注意，多个攻陷参与方可能会发起合谋攻击，即多个攻陷参与方把自己视角中所看到的通信内容汇总到一起来尝试获得信息。半诚实攻击者也被称为被动(Passive)攻击者，因为此类攻击者只能通过观察协议执行过程中自己的视角来尝试得到秘密信息，无法采取其他任何攻击行动。半诚实攻击者通常也被称为诚实但好奇(Honest-but-curious)攻击者。

参与方的视角(View)包括其私有输入、随机带以及执行协议期间收到的所有消息所构成的消息列表。攻击者的视角包含所有攻陷参与方的混合视角。攻击者从协议执行过程中得到的任何信息都必须能表示为以其视角作为输入的高效可计算函数的输出。也就是说，不失一般性，我们只考虑一种"攻击"行为：攻击者要输出其完整的视角$^{\ominus}$。

根据现实–理想范式，安全性意味着这种"攻击"也可以在理想世界中进行。也就是说，为了证明协议是安全的，在理想世界中的攻击者必须能够生成一个视角，此视角与真实世界中的攻击者视角不可区分。请注意，理想世界中的攻击者视角只包含发送到 $\mathcal{T}$ 的输入和从 $\mathcal{T}$ 接收到的输出。因此，理想世界中的攻击者必须能够使用这些信息生成一个视角，此视角和真实世界中的攻击者视角看起来一样。因为此攻击者在理想世界中生成了一个真实世界中的"仿真"攻击者视角，我们称此攻击者为仿真者(Simulator)。能说明存在这样一个仿真者，就能证明攻击者在现实世界中实现的所有攻击效果都可以在理想世界中实现。

我们接下来用形式化语言定义现实–理想范式。令 π 为一个协议，$\mathcal{F}$ 为一个功能函数。令 $\mathcal{C}$ 为攻陷参与方集合，令 Sim 为一个仿真者算法。我们

$\ominus$　因为攻击者可以额外获得的任何信息都必须能表示为以其视角作为输入的高效可计算函数的输出，所以只要攻击者能输出其完整的视角，就可以把视角代入高效可计算函数得到输出，从而得到所有额外获得的信息。——译者注

定义下述两个随机变量的概率分布：

- $\mathrm{Real}_{\pi}(\kappa,\mathcal{C};x_1,\cdots,x_n)$：在安全参数 κ 下执行协议，其中每个参与方 P_i 都将使用自己的私有输入 x_i 诚实地执行协议。令 V_i 为参与方 P_i 的最终视角，令 y_i 为参与方 P_i 的最终输出。
  输出 $\{V_i\,|\,i\in\mathcal{C}\},(y_1,\cdots,y_n)$。
- $\mathrm{Ideal}_{\mathcal{F},\mathsf{Sim}}(\kappa,\mathcal{C};x_1,\cdots,x_n)$：计算 $(y_1,\cdots,y_n)\leftarrow\mathcal{F}(x_1,\cdots,x_n)$。
  输出 $\mathsf{Sim}(\mathcal{C},\{(x_i,y_i)\,|\,i\in\mathcal{C}\}),(y_1,\cdots,y_n)$。

如果现实世界中攻陷参与方所拥有的视角和理想世界中攻击者所拥有的视角不可区分，那么协议在半诚实攻击者的攻击下是安全的。

定义 2.2 给定协议 π，如果存在一个仿真者 Sim，使得对于攻陷参与方集合 $\mathcal{C}$ 的所有子集，对于所有的输入 $x_1,\cdots,x_n$，概率分布

$$\mathrm{Real}_{\pi}(\kappa,\mathcal{C};x_1,\cdots,x_n)$$

和

$$\mathrm{Ideal}_{\mathcal{F},\mathsf{Sim}}(\kappa,\mathcal{C};x_1,\cdots,x_n)$$

是（在 κ 下）不可区分的，则称此协议**在半诚实攻击者存在的条件下安全地实现了** $\mathcal{F}$。

在定义 Real 和 Ideal 时，我们将所有参与方的输出也包含了进来，甚至将诚实参与方的输出也包含了进来。这是将正确性定义纳入安全性定义中的一种方法。在没有攻陷参与方的条件下（$\mathcal{C}=\varnothing$），Real 和 Ideal 的输出只包括所有参与方各自的输出。因此，安全性定义意味着协议在现实世界中给出的输出概率分布与理想功能函数给出的输出概率分布相同（即使对于随机性功能函数 $\mathcal{F}$，此结论依然成立）。因为 Real 中 $y_1,\cdots,y_n$ 的概率分布不依赖于攻陷参与方集合 $\mathcal{C}$（无论攻陷了多少参与方，所有参与方都会诚实执行协议），因此在 $\mathcal{C}\neq\varnothing$ 的情况下，Real 和 Ideal 的输出不需要严格包含 $y_1,\cdots,y_n$，但我们选择将其包含在输出之中，以得到统一的定义。

初看半诚实攻击模型，会感觉此模型的安全性很弱——简单地读取和分析收到的消息看起来几乎根本就不是一种攻击方法！有理由怀疑是否有必要考虑如此受限的攻击模型。实际上，构造半诚实安全的协议并非易事。而更重要的是，在构造更复杂环境下可抵御更强大攻击者攻击的协议时，

一般都在半诚实安全协议的基础之上进行改进。此外，很多现实场景确实可以与半诚实攻击模型相对应。一种典型的应用场景是，参与方在计算过程中的行为是可信的，但是无法保证参与方的存储环境在未来一定不会遭到攻击。

2.3.3　恶意安全性

恶意（Malicious）攻击者，或称主动（Active）攻击者，可以让攻陷参与方任意偏离协议规则执行协议，以破坏协议的安全性。恶意攻击者分析协议执行过程的能力与半诚实攻击者相同，但恶意攻击者可以在协议执行期间采取任意行动。请注意，这意味着攻击者可以控制或操作网络，或在网络中注入任意消息（即使在本书中我们假设每两个参与方之间都存在一个直连的安全通信信道）。与之前类似，恶意攻击者场景下的安全性也将通过比较理想世界和现实世界的差异来定义，但需要考虑两个重要的附加因素。

- **对诚实参与方输出的影响**。攻陷参与方偏离协议规则执行协议，可能会对诚实参与方的输出造成影响。例如，攻击者的攻击行为可能会使两个诚实参与方得到不同的输出，但在理想世界中，所有参与方都应该得到相同的输出。在半诚实攻击模型下，这种情况相对来说比较容易解决——虽然安全性定义也要比较现实世界和理想世界的输出，但在半诚实攻击模型下，诚实参与方得到的输出与攻击者（攻陷参与方集合）的攻击行为无关。此外，我们不能也不应该相信恶意攻击者一定会给出最终的输出，因为恶意参与方可以输出任何想输出的结果。

- **输入提取**。由于诚实参与方会遵循协议规则执行协议，因此可以明确定义诚实参与方的输入，并在理想世界中将此输入提供给 $\mathcal{T}$。相反，在现实世界中我们无法明确定义恶意参与方的输入，这意味着在理想世界中我们需要知道将哪个输入提供给 $\mathcal{T}$。直观上看，对于一个安全的协议，无论攻击者可以在现实世界中实施何种攻击行为，此攻击行为应该也可以通过为攻陷参与方选择适当的输入，从而在理想世界中实现。因此，我们让仿真者选择攻陷参与方的输入。这方面的仿真过程称为输入提取，因为仿真者要从现实世界的攻击者行为中提取出有效的理想世界输入，来"解释"此输入对现实世界造成的影响。大多数安全性证明只需考虑黑盒仿真过程，即仿真者只能访问现实世界中实现攻击的预言机，不能访问攻击代码本身。

当用 $\mathcal{A}$ 表示攻击程序时，我们用 corrupt($\mathcal{A}$) 表示被现实世界中的攻击者 $\mathcal{A}$ 攻陷的参与方集合，用 corrupt(Sim) 表示被理想世界中的攻击者 Sim 攻陷的参与方集合。与定义半诚实安全性的方式类似，我们定义现实世界和理想世界的概率分布，并定义一个安全协议，使这两个概率分布满足不可区分性：

- Real$_{\pi,\mathcal{A}}(\kappa;\{x_i|i\notin\text{corrupt}(\mathcal{A})\})$：在安全参数 κ 下执行协议，其中每个诚实参与方 P$_i$（即对于所有的 $i\notin\text{corrupt}(\mathcal{A})$）使用给定的私有输入 x_i 诚实地执行协议，而攻陷参与方的消息将由 $\mathcal{A}$ 选取（将 $\mathcal{A}$ 看作被攻陷参与方的"下一条消息"函数）。令 y_i 表示每个诚实参与方 P$_i$ 的输出，令 V_i 表示参与方 P$_i$ 的最终视角。

  输出($\{V_i|i\in\text{corrupt}(\mathcal{A})\},\{y_i|i\notin\text{corrupt}(\mathcal{A})\}$)。

- Ideal$_{\mathcal{F},\text{Sim}}(\kappa;\{x_i|i\notin\text{corrupt}(\mathcal{A})\})$：执行 Sim，直至其输出一个输入集合 $\{x_i|i\in\text{corrupt}(\mathcal{A})\}$。计算 $(y_1,\cdots,y_n)\leftarrow\mathcal{F}(x_1,\cdots,x_n)$。随后，将 $\{y_i|i\in\text{corrupt}(\mathcal{A})\}$ 发送给 Sim$^{\ominus}$。令 V^* 表示 Sim 的最终输出（输出是参与方的仿真视角集合）。

  输出($V^*,\{y_i|i\notin\text{corrupt}(\text{Sim})\}$)。

定义 2.3 给定协议 π，如果对于任意一个现实世界中的攻击者 $\mathcal{A}$，存在一个满足 corrupt($\mathcal{A}$)=corrupt(Sim) 的仿真者 Sim，使得对于诚实参与方的所有输入 $\{x_i|i\notin\text{corrupt}(\mathcal{A})\}$，概率分布

$$\text{Real}_{\pi,\mathcal{A}}(\kappa;\{x_i|i\notin\text{corrupt}(\mathcal{A})\})$$

和

⊖   更形式化的定义方式是让仿真者 Sim 包含一对算法 Sim=(Sim$_1$，Sim$_2$)，分别描述仿真者在这两个阶段中的行为。Sim$_1$（以 κ 为输入）输出 $\{x_i|i\in\text{corrupt}(\mathcal{A})\}$ 和任意内部状态 Σ。随后，Sim$_2$ 以 Σ 和 $\{y_i|i\in\text{corrupt}(\mathcal{A})\}$ 为输入，输出 V^*。

$$\mathsf{Ideal}_{\mathcal{F},\mathsf{Sim}}(\kappa;\{x_i \mid i \notin \mathsf{corrupt}(\mathsf{Sim})\})$$

是（在 κ 下）不可区分的，则称此协议**在恶意攻击者存在的条件下安全地实现了** $\mathcal{F}$。

需要注意的是，该定义仅描述了诚实参与方的输入 $\{x_i \mid i \notin \mathsf{corrupt}(\mathcal{A})\}$。攻陷参与方与现实世界 Real 交互时不需要提供任何输入。而在与理想世界 Sim 交互时，攻陷参与方的输入是间接确定的（仿真者需要根据攻陷参与方的行为来选择将何种输入发送给 $\mathcal{F}$）。虽然也可以在现实世界定义攻陷参与方的输入，但此输入仅仅是一个"建议"，因为攻陷参与方可以在执行协议时选择使用任何其他的输入（甚至使用与真实输入不一致的输入执行协议）。

交互功能函数。在理想世界中，功能函数仅包含一轮交互过程：提供输入，给出输出。可以进一步扩展 $\mathcal{F}$ 的行为方式，令 $\mathcal{F}$ 与参与方进行多轮交互，且在多轮交互的过程中保持其内部状态的私有性。我们称此类功能函数为交互功能函数（Reactive Functionality）。

交互功能函数的一个实例是扑克游戏中的发牌方。此功能函数必须追踪所有扑克牌的状态，获取输入命令，并通过多轮交互向所有参与方提供输出。

另一个交互功能函数实例是承诺（Commitment），这一个非常常见的功能函数。此功能函数从 P_1 处接收一个比特值 b（更一般的情况是接收一个字符串），告知 P_2 已"承诺" b，并在内部记住 b。稍后，如果 P_1 向该功能函数发送命令"披露"（或"打开"），此功能函数将 b 发送给 P_2。

可中止安全性。在几乎所有基于消息的 2PC 协议中，一个参与方会在另一个参与方之前得到最终的输出。如果此参与方是恶意的攻陷参与方，它可以简单地拒绝将最后一条消息发送给诚实参与方，从而阻止诚实参与方得到输出。然而，这种攻击行为与我们之前描述的理想世界攻击行为不兼容。在理想世界中，如果攻陷参与方可以从功能函数中得到输出，则所有参与方均可以得到输出。此性质称为输出公平性（Output Fairness）。并非所有的功能函数在计算过程都可以满足输出公平性（Cleve，1986；Gordon et al.，2008；Asharov et al.，2015a）。

为在恶意攻击场景下覆盖此攻击行为,学者们提出了一种稍弱的安全性定义,称为可中止安全性(Security with Abort)。为此,需要按照下述方式稍微修改一下理想功能函数。首先,允许功能函数得知攻陷参与方的身份。其次,修改后的功能函数需要一些交互能力:当所有参与方提供输入后,功能函数计算输出结果,但只将输出结果交付给攻陷参与方。随后,功能函数等待来自攻陷参与方的"交付"或"中止"命令。收到"交付"命令后,功能函数将输出交付给所有诚实参与方。收到"中止"命令后,功能函数向所有诚实参与方交付一个表示协议中止的输出($\perp$)。

在修改后的理想世界中,攻击者允许在诚实参与方之前得到输出,同时可以阻止诚实参与方接收任何输出。需要特别注意此定义的一个关键点:诚实参与方是否中止协议只能依赖于攻陷参与方的命令。特别地,如果诚实参与方中止协议的概率依赖于诚实参与方的输入,则协议可能是不安全的。

在描述功能函数时,一般不会明确写出此功能函数可能会让诚实参与方无法得到输出。反之,当讨论协议在恶意攻击者攻击下的安全性时,通常会认为攻击者可以决定是否向诚实参与方交付输出,在此场景下不要期望协议可以满足输出公平性。

适应性攻陷。在我们已经定义的现实世界和理想世界中,哪些参与方是攻陷参与方在整个交互过程中是固定不变的。我们称满足这一安全模型的协议在静态性攻陷(Static Corruption)下是安全的。还可以考虑另一个场景,攻击者在协议执行期间可以根据交互过程中得到的信息选择攻陷哪些参与方。我们称这一攻击行为是适应性攻陷(Adaptive Corruption)。

可以在现实-理想范式中为适应性攻陷攻击行为建立安全模型,方法是允许攻击者发出形式为"攻陷 P_i"的命令。在现实世界中,这会令攻击者得到 P_i 的当前视角(包括 P_i 的内部私有随机状态),并接管其在协议执行过程中发送消息的控制权。在理想世界中,仿真者只能得到攻陷此参与方时该参与方的输入和输出,必须使用这些信息生成仿真视角。显然,各个参与方的视角是相互关联的(如果 P_i 向 P_j 发送一条消息,则此消息会同时包含在两个参与方的视角中)。适应性安全的挑战是仿真者必须逐段生成攻陷参与方的视角。例如，当参与方 P_i 被攻陷时，我们要求仿真者生成 P_i 的视角。仿真者必须在未知 P_j 私有输入的条件下仿真出 P_j 发送给 P_i 的所有消息。随后，仿真者可能需要提供 P_j 的视角（包括 P_j 的内部私有随机状态）来"解释"之前发送的协议消息与 P_j 的私有输入是匹配的。

与该领域绝大多数研究成果类似，我们在本书中仅考虑静态性攻陷场景下的 MPC 协议。

2.3.4 混合世界与组合性

出于模块化考虑，设计协议时经常会让协议调用其他的理想功能函数。例如，我们可能需要设计一个安全实现某功能函数 $\mathcal{F}$ 的协议 π。在 π 中，参与方除了彼此要发送消息之外，还需要与另一个功能函数 $\mathcal{G}$ 交互。因此，该协议在现实世界中包含 $\mathcal{G}$，但在理想世界（一般来说）仅包含 $\mathcal{F}$。我们称这一修改后的现实世界为 $\mathcal{G}$-混合世界。

对安全模型的一个很自然的要求是组合性（Composition）：如果 π 是一个安全实现 $\mathcal{F}$ 的 $\mathcal{G}$-混合协议（即 π 的参与方需要彼此发送消息，且需要与一个理想的 $\mathcal{G}$ 交互），且 ρ 是一个安全实现 $\mathcal{G}$ 的协议，则以最直接的方式组合使用 π 和 ρ（将调用 $\mathcal{G}$ 替换为调用 ρ）应该可以得到安全实现 $\mathcal{F}$ 的协议。虽然我们没有从最底层的角度严格、详细地定义 MPC 的安全模型，但令人惊讶的是，一些非常直观的组合使用方式并不能保证多个安全协议可以安全组合，满足可组合性！

保证组合性的标准方式是使用 Canetti 提出的通用可组合性（Universal Composability，UC）框架（Canetti，2001）。UC 框架在我们之前描述的安全模型上进行了扩展，在安全模型中增加了一个称为环境（Environment）的实体，此实体也同时包含在理想世界和现实世界中。引入环境实体的目的是体现协议执行时的"上下文"（例如，当前协议被某个更大的协议所调用）。环境实体为诚实参与方选择输入，接收诚实参与方的输出。环境实体可以与攻击者进行任意交互。

现实世界和理想世界都包含相同的环境实体。而环境实体的"目标"是判断自身是在现实世界还是在理想世界中被实例化的。在此之前，我们定义安全性的方式是要求现实世界和真实世界中的特定视角满足不可区分性。在 UC 场景下，我们还可以将区分两种视角的攻击者吸收到环境实体之中。因此，不失一般性，环境实体的最终输出是一个单比特值，表示环境实体"猜测"自身是在现实世界还是在理想世界被实例化的。

接下来，我们定义现实世界和理想世界的协议执行过程，其中 Z 是一个环境实体：

- $\mathsf{Real}_{\pi, \mathcal{A}, Z}(\kappa)$：执行涉及攻击者 $\mathcal{A}$ 和环境 Z 的协议交互过程。当 Z 为某一诚实参与方生成一个输入时，此诚实参与方执行协议 π，并将输出发送给 Z。最后，Z 输出一个单比特值，作为 $\mathsf{Real}_{\pi, \mathcal{A}, Z}(\kappa)$ 的输出。
- $\mathsf{Ideal}_{\mathcal{F}, \mathsf{Sim}, Z}(\kappa)$：执行涉及攻击者（仿真者）$\mathsf{Sim}$ 和环境 Z 的协议交互过程。当 Z 为某一诚实参与方生成一个输入时，此输入将被直接转发给功能函数 $\mathcal{F}$，$\mathcal{F}$ 将相应的输出发送给 Z（$\mathcal{F}$ 完成了诚实参与方的行为）。Z 输出一个单比特值，作为 $\mathsf{Ideal}_{\mathcal{F}, \mathsf{Sim}, Z}(\kappa)$ 的输出。

定义 2.4 给定协议 π，如果对于所有现实世界中的攻击者 $\mathcal{A}$，存在一个满足 $\mathsf{corrupt}(\mathcal{A}) = \mathsf{corrupt}(\mathsf{Sim})$ 的仿真者 Sim，使得对于所有的环境实体 Z：

$$\big| \Pr[\mathsf{Real}_{\pi, \mathcal{A}, Z}(\kappa) = 1] - \Pr[\mathsf{Ideal}_{\mathcal{F}, \mathsf{Sim}, Z}(\kappa) = 1] \big|$$

是（κ 下）可忽略的，则称此协议 **UC-安全地实现了** $\mathcal{F}$。

由于定义中要求不可区分性对所有可能的环境实体都成立，因此一般会把攻击者 $\mathcal{A}$ 的攻击行为也吸收到环境 Z 中，只留下所谓的"无作为攻击者"（此攻击者只会简单地按照 Z 的指示转发协议消息）。

在其他（非 UC 可组合的）安全模型中，理想世界中的攻击者（仿真者）可以随意利用现实世界中的攻击者。特别地，仿真者可以在内部运行攻击者，并反复将攻击者的内部状态倒带成先前的内部状态。可以在这类较弱的模型下证明很多协议的安全性，但组合性可能会对仿真者的部分能力进行一些约束和限制[⊖]。本书中讨论的所有协议均满足顺序组合安全性（即协议会按顺序调用功能函数时的安全性）。

⊖　组合性进一步限制了仿真者的仿真能力。如在 UC 可组合安全模型中，仿真者无法进行倒带操作，即无法反复将攻击者的内部状态倒带成先前的内部状态，见下文。——译者注

在 UC 模型中，仿真者无法倒带攻击者的内部状态，因为攻击者的攻击行为可能会被吸收到环境实体之中，而仿真者不允许利用环境实体完成仿真过程。相反，仿真者必须是一个直线仿真者（Straight-line Simulator）：一旦环境实体希望发送一条消息，仿真者必须立刻用仿真出的回复做出应答。直线仿真者必须一次性生成仿真消息，而先前的安全模型定义没有对仿真消息或视角生成过程做出任何限制。对于本书描述的所有恶意安全协议，假设这些协议所调用的其他原语（如不经意传输或承诺协议，参见 2.4 节）可以提供 UC 安全性，则这些协议也都是 UC 安全的。

2.4 专用功能函数

本节我们定义几种应用广泛、是其他 MPC 协议重要构造模块的功能函数。

不经意传输。不经意传输（Oblivious Transfer，OT）是 MPC 协议的重要构造模块。Kilian 已经证明，MPC 和 OT 在理论层面是等价的（Kilian，1988）：给定 OT，可以在不引入其他任何额外假设的条件下构造 MPC，类似地，可以直接应用 MPC 构造 OT。

2 选 1-OT 的标准定义涉及两个参与方：持有两个秘密值 x_0, x_1 的发送方 $\mathcal{S}$，持有一个选择比特 $b \in \{0,1\}$ 的接收方 $\mathcal{R}$。OT 允许 $\mathcal{R}$ 得到 x_b，但其无法得到与"另一个"秘密值 x_{1-b} 相关的任何信息。与此同时，$\mathcal{S}$ 无法得到任何信息。OT 的形式化定义如下所述。

定义 2.5 2 选 1-OT 是一个密码学协议，此协议可以安全地实现图 2.1 所示的功能函数 $\mathcal{F}^{\mathrm{OT}}$。

参数：
- 两个参与方：发送方 $\mathcal{S}$ 和接收方 $\mathcal{R}$。$\mathcal{S}$ 拥有两个秘密值 $x_0, x_1 \in \{0,1\}^n$，$\mathcal{R}$ 拥有一个选择比特 $b \in \{0,1\}$。

功能函数：
1. $\mathcal{R}$ 将 b 发送给 $\mathcal{F}^{\mathrm{OT}}$，$\mathcal{S}$ 将 x_0, x_1 发送给 $\mathcal{F}^{\mathrm{OT}}$。
2. $\mathcal{R}$ 收到 x_b，$\mathcal{S}$ 收到 $\perp$。

图 2.1 2 选 1-OT 功能函数 $\mathcal{F}^{\mathrm{OT}}$

还有很多 OT 变种协议。一种很容易想到的变种协议是 k 选 1-OT，其中 $\mathcal{S}$ 拥有 k 个秘密值，$\mathcal{R}$ 拥有 $[0,\cdots,k-1]$ 中的一个选择项。我们将在 3.7 节讨论如何高效地实现 OT。

承诺。承诺协议是许多密码学协议的基础原语。承诺协议允许发送方向接收方对一个秘密值作出承诺，发送方后续会向接收方披露此秘密值。在发送方未向接收方披露承诺值之前，接收方无法得到与承诺值相关的任何信息，称这一性质为隐藏性（Hiding）。与此同时，发送方在对秘密值作出承诺之后，无法对秘密值进行任何修改，称这一性质为绑定性（Binding）。

很容易利用随机预言机模型构造高效承诺协议。如果想对 x 作出承诺，只需要简单地选择一个随机值 $r\in_R\{0,1\}^\kappa$ 并公布 $y=H(x\parallel r)$。后续只需要简单地披露 x 和 r 即可。

定义 2.6 **承诺**是一个密码学协议，此协议可以安全地实现图 2.2 所示的功能函数 $\mathcal{F}^{\mathrm{Comm}}$。

参数：
- 两个参与方：发送方 $\mathcal{S}$ 和接收方 $\mathcal{R}$。$\mathcal{S}$ 拥有一个字符串 $\mathcal{S}\in\{0,1\}^n$
功能函数：
1. $\mathcal{S}$ 向 $\mathcal{F}^{\mathrm{Comm}}$ 发送一个字符串 $s\in\{0,1\}^n$。$\mathcal{F}^{\mathrm{Comm}}$ 向 $\mathcal{R}$ 发送已承诺。
2. 在之后的某个时间，$\mathcal{S}$ 向 $\mathcal{F}^{\mathrm{Comm}}$ 发送打开。$\mathcal{F}^{\mathrm{Comm}}$ 向 $\mathcal{R}$ 发送 s。

图 2.2　承诺功能函数 $\mathcal{F}^{\mathrm{Comm}}$

零知识证明。零知识（Zero-Knowledge，ZK）证明允许证明方让验证方相信证明方自己知道一个满足 $\mathcal{C}(x)=1$ 的 x，但不会进一步泄漏关于 x 的任何信息。这里 $\mathcal{C}$ 是一个公开的谓词函数。

举一个简单的例子，假设 G 是一个图，而 Alice 知道 G 的一个 3-染色方法 χ。随后，Alice 可以使用零知识证明来说服 Bob，G 是可以被 3-染色的。Alice 构造一个电路 $\mathcal{C}_G$，此电路的输入是一个 3-染色方法，电路将验证此方法是否为 G 的一个有效 3-染色方法。Alice 将 $(\mathcal{C}_G,\chi)$ 作为零知识证明的输入。从 Bob 的角度看，当且仅当 Alice 可以提供 G 的一个有效 3-染色方法时，Bob 才能得到输出结果（已证明，$\mathcal{C}_G$）。与此同时，Alice 知道

Bob 无法得到她所提供 3-染色方法 χ 的任何具体信息，Bob 只知道某种有效 3-染色方法确实存在的这个事实。

定义 2.7 零知识证明是一个密码学协议，此协议可以安全地实现图 2.3 所示的功能函数 $\mathcal{F}^{zk}$。

参数：
- 两个参与方：证明方 $\mathcal{P}$ 和验证方 $\mathcal{V}$。

功能函数：
1. $\mathcal{P}$ 将 $(\mathcal{C},x)$ 发送给 $\mathcal{F}^{zk}$，其中 $\mathcal{C}:\{0,1\}^n \to \{0,1\}$ 是输出为一个比特值的布尔电路，而 $x \in \{0,1\}^n$。如果 $\mathcal{C}(x)=1$，则 $\mathcal{F}^{zk}$ 将(已证明, $\mathcal{C}$)发送给 $\mathcal{V}$。否则，$\mathcal{F}^{zk}$ 将 $\perp$ 发送给 $\mathcal{V}$。

图 2.3　零知识证明功能函数 $\mathcal{F}^{zk}$

相关文献提出了很多零知识证明的变种协议。确切地说，我们要用到的变种协议为零知识的知识论证(Zero-knowledge Argument of Knowledge)。从本书讨论的内容深度看，理解本书所介绍的内容不需要深入探讨这些变种协议之间的区别。

2.5　延伸阅读

Goldwasser 等人(Goldwasser et al.，1985)首先在零知识这一特殊 MPC 场景下应用了现实-理想范式。此后不久，Goldreich 等人将该定义推广到任意 MPC 中(Goldreich et al.，1987)。Goldreich 等人在论文中给出的相关定义已经包含了现实-理想范式的很多重要特征，但这些特征衍生出的(面对恶意攻击者攻击的)安全性定义在组合使用协议时是不成立的。换句话说，当单独执行协议时，可以应用这些安全模型论述协议的安全性，但当并发执行两个协议实例时，协议可能会变得彻底不安全。

我们在本书中描述的安全性定义来自 Canetti 给出的通用组合性(Universal Composition，UC)框架(Canetti，2001)。在 UC 框架下可证明安全的协议将具备 2.3.4 节描述的重要性质——组合性，即无论并发地执行其他何种协议，都可以保证协议的安全性。虽然 UC 框架是证明组合性时最受欢迎的安全模型，学者们也提出了其他可满足类似性质的安全模型（Pfitzmann and Waidner，2000；Hofheinz and Shoup，2015）。这些安全模型都非常复杂，很难深入讨论这些安全模型的全部细节。不过，Canetti 等人后续提出了一个非常简单的安全模型（Canetti et al.，2015），在绝大多数情况下此模型都与完整的 UC 安全模型等价。我们描述的一部分协议在随机预言机模型下是安全的。Canetti 等人论述了如何将随机预言机模型融入 UC 框架中（Canetti et al.，2014）。

我们在本书中主要关注最流行的安全性定义，即半诚实安全性和恶意安全性。不少文献也提出了许多变种安全模型，其中一些安全模型与实际应用场景相吻合。我们将在第 7 章讨论其他的安全模型。

第 3 章

基础 MPC 协议

本章将研究几个重要的 MPC 协议，描述协议的具体执行过程，并介绍每种协议背后的直观构造思想。

我们要讨论的所有 MPC 协议的构造方法都可以看作在加密数据下执行计算，或者更具体地说，将输入数据进行秘密分享，在秘密份额上执行计算。例如，可以将在密钥 k 下加密消息 m 得到的加密结果 $\mathsf{Enc}_k(m)$ 看作对 m 进行秘密分享，一个秘密份额是 k，另一个秘密份额是 $\mathsf{Enc}_k(m)$。我们将介绍几个基础 MPC 协议，说明实现通用 MPC 的各种方法。本章将涉及的基础 MPC 协议如表 3.1 所示。本章所有协议的安全性都基于半诚实攻击者模型（2.3.2 节）。我们将在第 6 章讨论满足恶意安全性的变种协议。本章的所有协议都建立在 OT 之上。我们将在 3.7 节讨论如何高效地实现 OT。

表 3.1 本章讨论的半诚实 MPC 协议总结

协议	支持的参与方数量	协议的执行轮数	支持的电路类型
姚氏乱码电路（3.1 节）	两方	常数	布尔电路
GMW（3.2 节）	多方	电路深度	布尔电路或算术电路
BGW（3.3 节）	多方	电路深度	布尔电路或算术电路
BMR（3.5 节）	多方	常数	布尔电路
GESS（3.6 节）	两方	常数	布尔方程式

3.1 GC 协议

姚氏乱码电路(Garbled Circuit，GC)协议是最著名、最广为人知的 MPC 协议。一般认为姚氏 GC 协议具有最优的执行效率。我们要讲解的很多协议都是在姚氏 GC 协议的基础上构造得来的。虽然此协议的通信复杂度不是已有协议中最优的，但此协议的执行轮数是常数，避免协议设计本身引入较大的通信延迟。与之相比，如 Goldreich-Micali-Wigderson (GMW)等协议(我们将在 3.2 节描述 GMW 协议)的通信轮数随电路深度的增大而增加，可能引入较大的通信延迟。

3.1.1 GC 的直观思想

姚氏 GC 协议背后的核心思想非常直接。回想一下，我们希望求给定函数 $\mathcal{F}(x,y)$ 的值，其中参与方 P_1 持有 $x \in X$，参与方 P_2 持有 $y \in Y$。这里的 X 和 Y 分别为 P_1 和 P_2 的输入域。

将函数表示为查找表。我们首先考虑一个输入域很小的函数 $\mathcal{F}$。由于 $\mathcal{F}$ 的输入域很小，我们可以很快地枚举出所有可能的输入对 (x,y)。可以把函数 $\mathcal{F}$ 表示为一个包含 $|X| \cdot |Y|$ 行的查找表 T，每行的条目为 $T_{x,y} = \langle \mathcal{F}(x,y) \rangle$。可以简单地检索 T 中相应行的条目 $T_{x,y}$，从而得到 $\mathcal{F}(x,y)$ 的输出。

这为我们提供了另一种考虑问题的视角(在此视角下问题会简单很多)。可以按照下述方式求查找表的值。P_1 通过为每一个可能的输入 x 和 y 随机指定一个强密钥来加密 T。也就是说，对于每一个 $x \in X$ 和每一个 $y \in Y$，P_1 将选择 $k_x \in_R \{0,1\}^\kappa$ 和 $k_y \in_R \{0,1\}^\kappa$。随后，P_1 同时使用两个密钥 k_x 和 k_y 加密 T 中相应行的条目 $T_{x,y}$，并将加密后(且经过随机置换)的查找表 $\langle \mathsf{Enc}_{k_x,k_y}(T_{x,y}) \rangle$ 发送给 P_2。

我们现在的任务是让 P_2(只能)解密与参与方输入相关联的行数据项 $T_{x,y}$。具体实现方式是让 P_1 向 P_2 发送密钥 k_x 和 k_y。P_1 已知自己的输入

x，因此 P_1 只需要将密钥 k_x 直接发送给 P_2 即可。P_1 需要使用 $|Y|$ 选 1-OT 协议将 k_y 发送给 P_2（见 2.4 节）。一旦收到 k_x 和 k_y，P_2 就可以使用这些密钥解密 $T_{x,y}$，得到输出 $\mathcal{F}(x,y)$。最重要的是，P_2 在此过程中无法获得任何其他信息。这是因为 P_2 只拥有一对密钥，只能打开（解密）查找表中的一行条目。需要特别强调的是，单独使用 k_x 或 k_y 都不允许部分解密密文，甚至不能单独使用 k_x 或 k_y 判断某个密文是否是用 k_x 或 k_y 加密得到的[⊖]。

标识置换。细心的读者可能想弄明白一个问题，即 P_2 如何知道应该解密查找表 T 中的哪一行条目。因为该信息依赖于两个参与方的输入，所以该信息本身也是敏感的。

解决这个问题最简单的方法是在 T 的加密条目中编码一些附加信息。例如，P_1 可以在 T 的每一行字符串的末尾附加 σ 个 0。如果解密了错误的行，则解密结果的末尾仅有很低的概率 $\left(p=\dfrac{1}{2^\sigma}\right)$ 包含 σ 个 0，这样 P_2 就可以知道解密结果是错误的。

虽然上述方法是可行的，但是它对于 P_2 来说效率很低，因为 P_2 平均要解密查找表 T 中至少一半的条目。Beaver 等人（Beaver et al.，1990）提出了一种更好的解决方案，一般把这个解决方案称为标识置换（Point-and-Permute）[⊖]。此方法的基本思想是将密钥的一部分（即第一个密钥的后 $\lceil \log |X| \rceil$ 比特和第二个密钥的后 $\lceil \log |Y| \rceil$ 比特）作为查找表 T 的置换标识，标识密钥应该用于加密哪行密文，根据置换标识对加密后的查找表进行置换。为了避免查找表的各行在分配过程中产生冲突，P_1 必须保证置换标识不会在 k_x 的密钥空间和 k_y 的密钥空间中出现冲突，可以通过多种方式实现这一点。严格来说，密钥长度必须要达到相应的安全等级。因此，参与方并

⊖ 考虑一个反例。假设 P_2 能够确定从 P_1 收到的密钥 k_x 是用于加密查找表中第 r_x 行的密钥。因为某些输入组合可能是无效的，所以加密的查找表 T 中可能只有唯一一行有效密文是使用 k_x 加密得到的，这就会把 x 泄漏给 P_2，从而违反安全性要求。

⊖ 这个技术并没有用 Beaver 等人的名字命名（Beaver et al.，1990）。2010 年左右 GC 的研究取得了较大的进展，为了描述方便，需要为这个技术起一个名字，此时标识置换这个名字才被社区广泛使用。这一技术与 Kolesnikov（Kolesnikov，2005）在信息论 GC 构造中引入的定向置换（Permute and Point）技术并不相同。我们将在 3.6 节讨论 Kolesnikov 所提出的定向置换技术。

不会直接把密钥中的一部分作为置换标识，而是将置换标识附加在密钥之后，使密钥满足所需的长度要求。

在后续讨论中，我们假定求值方已知要解密查找表中的哪一行。在描述协议时，我们会根据上下文决定是否有必要明确指出把标识置换技术作为协议的一个组成部分。

管理查找表的大小。显然，上述方案的效率较低，因为查找表的大小与 F 的定义域大小呈线性关系。同时，对于如单布尔电路门这样的小型函数，其定义域的大小仅为 4，用查找表表示此类小型函数是比较高效的。

接下来的想法是将 $\mathcal{F}$ 表示为布尔电路 $\mathcal{C}$，并用定义域大小为 4 的查找表求解每一个门的输出。与前面的描述相同，P_1 生成密钥并加密查找表，P_2 在未知密钥与明文之间关系的条件下解密查找表。但在这种情况下，我们不能向 P_2 披露中间门的明文输出。我们可以让中间门的输出也是与明文一一对应的密钥。由于求值方 P_2 不知道密钥与明文的关联关系，因此这样可以达到隐藏中间门明文输出的目的。

P_1 要为 $\mathcal{C}$ 的每一条导线 w_i 指定两个密钥 k_i^0 和 k_i^1，两个密钥分别与导线的两个可能的明文值相关联。我们称这些密钥为导线标签（Wire Label），称导线的明文值为导线值（Wire Value）。在对电路求值的过程中，根据计算过程中的输入，每条导线都将与一个特定的明文导线值和相应的导线标签相关联，我们称此明文导线值为激活值（Active Value），称与激活值对应的导线标签为激活标签（Active Label）。需要强调的是，求值方只知道激活标签，但不知道激活标签对应的激活值和非激活标签。

通览整个布尔电路 $\mathcal{C}$，对于每个门 G 的输入导线 w_i、w_j 和输出导线 w_t，P_1 构建下述加密查找表：

$$T_G = \begin{cases} \mathsf{Enc}_{k_i^0,k_j^0}(k_t^{G(0,0)}) \\ \mathsf{Enc}_{k_i^0,k_j^1}(k_t^{G(0,1)}) \\ \mathsf{Enc}_{k_i^1,k_j^0}(k_t^{G(1,0)}) \\ \mathsf{Enc}_{k_i^1,k_j^1}(k_t^{G(1,1)}) \end{cases}$$

例如，如果 G 是一个 AND 门，则对应的查找表为：

$$T_G = \begin{cases} \mathsf{Enc}_{k_i^0, k_j^0}(k_t^0) \\ \mathsf{Enc}_{k_i^0, k_j^1}(k_t^0) \\ \mathsf{Enc}_{k_i^1, k_j^0}(k_t^0) \\ \mathsf{Enc}_{k_i^1, k_j^1}(k_t^1) \end{cases}$$

查找表中的每一行条目都是门输出值所对应导线标签的密文。很重要的一点是，这一过程允许求值方 P_2 得到内部电路导线的中间激活标签，并在不知道中间激活标签所对应的激活值的条件下，利用中间激活标签求解 $\mathcal{F}$ 的输出值。

P_1 对每个查找表中的条目进行置换，通常把置换结果称为乱码表（Garbled Table）或乱码门（Garbled Gate），并将所有乱码表发送给 P_2。此外，P_1（仅）将所有输入导线的激活值所对应的激活标签发送给 P_2。对于 $\mathcal{F}$ 中属于 P_1 的输入导线，P_1 直接将对应的激活标签发送给 P_2。对于 $\mathcal{F}$ 中属于 P_2 的输入导线，P_1 和 P_2 通过 2 选 1-OT 协议传输对应的激活标签。

在收到输入密钥和乱码表后，P_2 开始对电路求值。如上所述，P_2 必须能够正确解密每个乱码门中所需解密的数据行。可以通过前面描述的标识置换技术实现这一点。在乱码表只包含 4 行密文的情况下，标识置换技术非常简单和高效——每个输入的置换标识只有 1 比特长，因此乱码表中的每行条目总共需要 2 比特长的置换标识。最终，P_2 完成乱码电路的求值，并得到与电路输出导线关联的密钥。P_2 把得到的密钥发送给 P_1 解密，即可完成 $\mathcal{F}$ 的安全求值。

我们注意到，P_2 可以不用将导线标签发送给 P_1 解密，这样可以节省一轮通信过程。具体方法是让 P_1 在发送乱码电路的同时发送输出导线的解码表。解码表只是将输出导线的每个导线标签映射为对应的导线值（即相应的明文值）。此时，得到输出导线标签的 P_2 可以在解码表中直接查找导线标签所对应的导线值，得到明文输出。

至少从直观层面看，很容易发现这个基于电路的协议构造方法在半诚实攻击模型下是安全的。很容易说明此协议在 P_1 为攻陷参与方时是安全的，这是因为在协议中 P_1 不接收任何消息（除了 OT 协议本身，我们需要单独假设 OT 协议满足安全性定义）！当 P_2 为攻陷参与方时，协议的安全性取决于求值方 P_2 永远无法同时获得同一条导线的两个导线标签。对于输入导线来说，这个结论显然是正确的。通过归纳法可以得知，这个结论对于中间导线依然是正确的（当求值方只知道门输入导线的其中一个导线标签时，求值方只能解密乱码门中的一个密文）。除了输出导线之外，P_2 不知道明文值和导线标签的对应关系，因此 P_2 无法获得与此导线明文值相关的任何信息。P_2 仅能够得到输出导线上明文值和导线标签的对应关系，而这是 P_1 明确告知 P_2 的信息。为了仿真 P_2 的视角，仿真者 Sim_{P_2} 为每一条导线随机选择一个激活标签，用无意义密文替换每一个乱码门中的其他三个"非激活"密文，并生成可将输出激活标签解码为函数输出的解码信息。

3.1.2 GC 协议的执行过程

图 3.1 形式化描述了姚氏乱码电路协议的生成过程，图 3.2 总结了姚氏乱码电路协议的执行过程。为了简化协议的描述，我们给出的是安全性依赖于随机预言机模型（2.2 节定义了随机预言机模型）的变种协议，但应用较弱的伪随机函数（Pseudo-Random Function，PRF）存在性假设也足以完成姚氏乱码电路协议的构造。在加密乱码表中的各个条目时，协议使用了 H 表示的随机预言机。我们将在 4.1.4 节中讨论实现 H 的不同方法。此协议还使用了依赖于公钥密码学的 OT 协议。

参数：
- 实现函数 $\mathcal{F}$ 的布尔电路 $\mathcal{C}$。
- 安全参数 κ。

生成乱码电路：
1. 生成导线标签。对于 $\mathcal{C}$ 的每一条导线 w_i，随机选择导线标签：
   (a) $w_i^b = (k_i^b \in_R \{0,1\}^\kappa, \ p_i^b \in_R \{0,1\})$。
   (b) 使得 $p_i^b = 1 - p_i^{1-b}$。
2. 构造乱码电路。对于 $\mathcal{C}$ 的每一个门 G_i，按照拓扑顺序执行下述步骤：

图 3.1 姚氏乱码电路协议：生成过程

(a) 假设 G_i 是一个实现函数 $g_i:w_c=g_i(w_a,w_b)$ 的 2-输入布尔门，其中输入导线标签为 $w_a^0=(k_a^0,p_a^0)$，$w_a^1=(k_a^1,p_a^1)$，$w_b^0=(k_b^0,p_b^0)$，$w_b^1=(k_b^1,p_b^1)$，输出导线标签为 $w_c^0=(k_c^0,p_c^0)$，$w_c^1=(k_c^1,p_c^1)$。

(b) 构造 G_i 的乱码表。G_i 的输入值为 $v_a,v_b\in\{0,1\}$，输入值共有 2^2 种可能的组合。对于每一种组合，设

$$e_{v_a,v_b}=H(k_a^{v_a}\parallel k_b^{v_b}\parallel i)\oplus w_c^{g_i(v_a,v_b)}$$

根据输入导线标签上的置换标识对乱码表中的条目 e 排序，将条目 e_{v_a,v_b} 放置在位置 $\langle p_a^{v_a},p_b^{v_b}\rangle$ 上。

3. 输出解码表。对于每一条输出导线 w_i（此导线也是门 G_j 的输出导线），假设其对应的导线标签为 $w_i^0=(k_i^0,p_i^0)$，$w_i^1=(k_i^1,p_i^1)$，要为两个可能的导线值 $v\in\{0,1\}$ 创建解码表。设

$$e_v=H(k_i^v\parallel\text{"out"}\parallel j)\oplus v$$

（因为是逐比特执行异或运算，所以只需要使用 H 输出的最低位生成 e_v）。根据导线标签上的置换标识对解码表中的条目 e 排序，将条目 e_v 放置在位置 p_i^v 上（因为 $p_i^1=p_i^0\oplus 1$，所以放置的位置不会发生冲突）。

图 3.1　（续）

参数：

- 参与方 P_1 和 P_2，其输入分别为 $x\in\{0,1\}^n$ 和 $y\in\{0,1\}^n$。
- 实现函数 $\mathcal{F}$ 的布尔电路 $\mathcal{C}$。

协议：

1. P_1 的角色为乱码电路生成方，执行图 3.1 所示的步骤。随后，P_1 将得到的乱码电路 $\hat{\mathcal{C}}$（包括输出解码表）发送给 P_2。

2. 对于 P_1 需要提供输入值的导线，P_1 向 P_2 发送输入值所对应的激活标签。

3. 对于 P_2 需要提供输入值的导线 w_i，P_1 作为发送方，P_2 作为接收方，两方执行 OT 协议：

   (a) P_1 的秘密值为导线上的两个导线标签，P_2 的选择比特输入值为 P_2 在此条导线上的输入值。

   (b) OT 协议执行完毕后，P_2 得到导线的激活标签。

4. P_2 从输入导线的激活标签开始，按照拓扑顺序逐门对收到的 $\hat{\mathcal{C}}$ 求值。

   (a) 对于乱码表为 $T=(e_{0,0},\cdots,e_{1,1})$，输入激活标签为 $w_a=(k_a,p_a)$ 和 $w_b=(k_b,p_b)$ 的门 G_i，P_2 计算输出激活标签 $w_c=(k_c,p_c)$：

   $$w_c=H(k_a\parallel k_b\parallel i)\oplus e_{p_a,p_b}$$

5. 应用输出解码表得到输出。当对 $\hat{\mathcal{C}}$ 的所有门完成求值后，P_2 把第二个密钥设置为 "out"，解码最终的输出门，得到明文计算结果。P_2 将得到的计算结果发送给 P_1，双方均将计算结果作为协议的输出。

图 3.2　姚氏乱码电路协议：求值过程

遵循 3.1.1 节所介绍的标识置换技术，每一条导线所对应的导线标签后都附加了一个标识比特 p_i。因为标识比特是随机选取的，所以标识比特不会泄漏任何信息，但求值方可以根据两条输入导线的激活标签的标识比特来确定应该解密乱码表中的哪一行条目。我们将在 4.1 节讨论几种使姚氏乱码电路协议变得更加高效的方法，如将每个门所对应乱码表的大小降到只包含两个密文的方法(4.1.3 节)，以及不需解密即可对 XOR 门求值的方法(4.1.2 节)。

3.2　GMW 协议

如前所述，可以把密文计算过程看作在秘密分享数据上进行计算。在姚氏乱码电路中，实现激活导线值秘密分享的方法是让一个参与方(电路生成方)持有两个可能的导线标签 w_i^0 和 w_i^1，另一个参与方(电路求值方)持有激活标签 w_i^b。在 GMW 协议中(Goldreich et al. ，1987；Goldreich，2004)，实现导线值秘密分享的方法更加直接：让各个参与方持有激活导线值的加法秘密份额。

很容易将 GMW 协议(或简称为"GMW")扩展为支持多个参与方。与之相对，需要使用新提出的技术才能将姚氏乱码电路扩展为支持多个参与方(具体方法参见 3.5 节)。

3.2.1　GMW 的直观思想

GMW 协议同时支持布尔电路和算术电路。我们首先介绍两方布尔电路 GMW 协议，随后简要说明如何将该协议推广到多参与方场景。与姚氏乱码电路相同，假设参与方 P_1 的输入为 x，参与方 P_2 的输入为 y。两个参与方预先已协商好待计算函数 $\mathcal{F}(x,y)$ 的布尔电路 $\mathcal{C}$。

GMW 协议的执行过程如下所述。对于 $x \in \{0,1\}^n$ 中的每一个输入比特 $x_i \in \{0,1\}$，P_1 生成一个随机比特 $r_i \in_R \{0,1\}$，并将所有的 r_i 发送给 P_2。接下来，P_1 将自己的秘密份额设置为 $x_i \oplus r_i$，相当于 P_1 和 P_2 对每一

个 x_i 进行了加法秘密分享。P_2 也为其每一个输入比特 y_i 生成随机比特掩码，并将掩码发送给 P_1，以类似的方法实现对 y_i 的加法秘密分享。

P_1 和 P_2 逐门对电路 C 求值。考虑输入导线为 w_i 和 w_j、输出导线为 w_k 的门 G。将输入导线拆分为满足 $s_x^1 \oplus s_x^2 = w_x$ 的两个秘密份额。假设 P_1 拥有 w_i 的秘密份额 s_i^1、w_j 的秘密份额 s_j^1，而 P_2 拥有 w_i 的秘密份额 s_i^2、w_j 的秘密份额 s_j^2。不失一般性，假设 C 由 NOT、XOR 和 AND 门组成。

两个参与方可以在不发生任何交互的条件下对 NOT 和 XOR 门求值。如果要对 NOT 门求值，P_1 只需要翻转自己所拥有的秘密份额，这等价于翻转了原始导线值。如果要对输入为 w_i 和 w_j 的 XOR 门求值，两个参与方只需分别对自己所拥有的秘密份额进行异或。也就是说，P_1 计算输出秘密份额 $s_k^1 = s_i^1 \oplus s_j^1$，而 P_2 相应地计算输出秘密份额 $s_k^2 = s_i^2 \oplus s_j^2$。计算得到的秘密份额 s_k^1 和 s_k^2 实际上就是输出激活值的秘密份额：$s_k^1 \oplus s_k^2 = (s_i^1 \oplus s_j^1) \oplus (s_i^2 \oplus s_j^2) = (s_i^1 \oplus s_i^2) \oplus (s_j^1 \oplus s_j^2) = w_i \oplus w_j$。

对 AND 门求值需要两个参与方进行交互，并且要用到 4 选 1-OT 协议这一基础原语。从 P_1 的视角看，其所拥有的秘密份额 s_i^1 和 s_j^1 是固定的，而 P_2 拥有两个可能的布尔输入秘密份额，这意味着 P_2 有 4 种可能的输入组合。如果 P_1 已知 P_2 所拥有的秘密份额，求值过程就变得非常简单了：P_1 只需要重建输入激活值，计算输出激活值，并将其秘密分享给 P_2。尽管 P_1 无法做到这一点，但 P_1 可以这样做：对 P_2 每种可能的输入都准备对应的秘密份额，执行 4 选 1-OT 协议，将相应的秘密份额传输给 P_2。具体来说，令

$$S = S_{s_i^1, s_j^1}(s_i^2, s_j^2) = (s_i^1 \oplus s_i^2) \wedge (s_j^1 \oplus s_j^2)$$

为根据两个输入秘密份额计算门输出值的函数。P_1 选择一个随机掩码比特 $r \in_R \{0,1\}$，并准备一张 OT 秘密输入表：

$$T_G = \begin{cases} r \oplus S(0,0) \\ r \oplus S(0,1) \\ r \oplus S(1,0) \\ r \oplus S(1,1) \end{cases}$$

随后，P_1 作为 OT 协议的发送方，P_2 作为 OT 协议的接收方，双方执行 4

选 1-OT 协议。P_1 将 OT 秘密输入表的 4 行分别作为 OT 协议的 4 个秘密输入，P_2 将自己的 2 个秘密份额作为 OT 协议的选择项，选择接收 OT 秘密输入表所对应的行。P_1 将 r 设置为门输出导线值的秘密份额，P_2 将 OT 协议接收的值作为门输出导线值的秘密份额。

因为我们应用上述方式构造 OT 协议的秘密输入，所以参与方 P_2 可以通过 OT 协议获得门输出导线值的秘密份额。直观上看，很明显参与方无法获得与另一个参与方输入相关的任何信息，也无法得到计算过程中的任何中间结果。这是因为只有 P_2 会接收消息，但 OT 协议会保证 P_2 对其未选择的 3 个秘密输入一无所知。P_2 唯一可以得到的是自己接收的 OT 输出结果，但此结果是输出值所对应的随机秘密份额，因此其不会泄漏与对应导线明文值相关的任何信息。同样，P_1 无法知道 P_2 选择接收了 OT 协议中的哪个秘密输入值。

在对所有门完成求值后，参与方彼此向对方披露自己所拥有的输出导线秘密份额，双方得到计算结果。

扩展为支持多个参与方。 我们现在简单介绍如何将此协议扩展为支持 n 个参与方，即 $P_1, P_2, \cdots, P_n$ 要对布尔电路 $\mathcal{C}$ 求值。与之前相同，参与方 P_j 选择 $\forall i \neq j, r_i \in_R \{0,1\}$，分别将 r_i 发送给 P_i，实现对自己输入的秘密分享。参与方 $P_1, P_2, \cdots, P_n$ 逐门对电路 $\mathcal{C}$ 求值，对门 G 的具体求值过程如下所述：

- 对于一个 XOR 门，参与方在本地对秘密份额求和。与两方的情况相同，对 XOR 门的求值过程不需要任何交互，且可以保证计算过程的正确性和安全性。
- 对于一个 AND 门 $c = a \wedge b$，令 $a_1, \cdots, a_n, b_1, \cdots, b_n$ 分别表示参与方所持有的 a, b 秘密份额。考虑下述等式：

$$c = a \wedge b = (a_1 \oplus \cdots \oplus a_n) \wedge (b_1 \oplus \cdots \oplus b_n)$$
$$= (\bigoplus_{i=1}^{n} a_i \wedge b_i) \oplus (\bigoplus_{i \neq j} a_i \wedge b_j)$$

  每个参与方 P_j 在本地计算 $a_j \wedge b_j$，得到 $\bigoplus_{i=1}^{n} a_i \wedge b_i$ 的秘密份额。进一步，每一对参与方 P_i，P_j 应用两方 GMW 协议共同计算得到 $a_i \wedge b_j$ 的

秘密份额。最后，每个参与方对所得到的所有秘密份额求 XOR，最终得到 $a \wedge b$ 的秘密份额。

3.3　BGW 协议

由 Ben-Or 等人(Ben-Or et al.，1988)提出的 BGW 协议是首批支持多个参与方计算的 MPC 协议之一。通常将 Ben-Or 等人提出的协议称为"BGW"协议。在几乎同一时间，Chaum、Crépau 和 Damgård 提出了一个与 BGW 协议有些类似的协议(Chaum et al.，1988)。一般会把这两个协议放在一起考虑。我们这里直接介绍 n 个参与方的 BGW 协议，这个协议描述起来会相对简单一些。

BGW 协议可以用于对域 $\mathbb{F}$ 上包含加法、乘法、常数乘法门的算术电路求值。此协议强依赖于 Shamir 秘密分享方案(Shamir，1979)，巧妙地利用了 Shamir 秘密分享方案的同态特性——对各个秘密份额进行适当的处理，就可以在秘密值上实现安全计算。

给定 $v \in \mathbb{F}$，我们令 $[v]$ 表示各个参与方持有 v 的 Shamir 秘密份额。具体来说，某一参与方选择一个阶最高为 t 的随机多项式 p，并令 $p(0)=v$。每个参与方 P_i 把 $p(i)$ 作为 v 的秘密份额。我们称 t 为秘密分享的阈值，即任意 t 个秘密份额都不会泄漏与 v 相关的任何信息。

BGW 协议的固定范式为：对于算术电路的每一条导线 w，各个参与方都持有导线值 v_w 所对应的秘密份额 $[v_w]$。接下来，我们简要描述 BGW 协议，重点关注此协议实现这一固定范式的方法。

输入导线。对于属于参与方 P_i 的输入导线，P_i 知道明文导线值 v。参与方 P_i 将秘密份额 $[v]$ 分发给其他所有参与方。

加法门。考虑输入导线为 α 和 β、输出导线为 γ 的加法门。各个参与方共同持有输入导线秘密份额 $[v_\alpha]$ 和 $[v_\beta]$。参与方的目标是获得输入导线值 v_α 和 v_β 求和的秘密份额 $[v_\alpha + v_\beta]$。假设输入导线值 v_α 和 v_β 所对应的多项式分别为 p_α 和 p_β。如果每个参与方 P_i 在本地对秘密份额求和，得到 $p_\alpha(i)+p_\beta(i)$，则各个参与方将共同持有多项式 $p_\gamma(x) \xrightarrow{\text{def}} p_\alpha(x)+p_\beta(x)$ 上的一个

点。由于 p_γ 的阶最高也为 t，因此各参与方 P_i 所持有的 $p_\alpha(i)+p_\beta(i)$ 构成了 $p_\gamma(0)=p_\alpha(0)+p_\beta(0)=v_\alpha+v_\beta$ 的有效秘密份额。

注意，加法门的求值过程不需要参与方之间进行交互。所有计算过程都是在本地完成的。可以利用相同的方法在秘密值上乘以一个公开常数——每个参与方在本地计算秘密份额乘以常数的结果即可。

乘法门。考虑输入导线为 α 和 β、输出导线为 γ 的乘法门。各个参与方共同持有输入导线值 v_α 和 v_β 的秘密份额 $[v_\alpha]$ 和 $[v_\beta]$。参与方的目标是获得输入导线值 v_α 和 v_β 乘积的秘密份额 $[v_\alpha \cdot v_\beta]$。如上所述，参与方可以在本地对秘密份额相乘，这使得各个参与方共同持有多项式 $q(x)=p_\alpha(x) \cdot p_\beta(x)$ 上的一个点。然而，得到的多项式阶数最高可达到 $2t$，超过了秘密分享的阈值。

为了解决秘密分享阈值溢出的问题，各个参与方需要一起完成多项式的降阶步骤。每个参与方 P_i 持有的秘密份额是 $q(i)$，其中 q 是一个阶最高可达到 $2t$ 的多项式。参与方的目标是得到 $q(0)$ 的有效秘密份额，且对应多项式的阶不超过阈值 t。

这里要利用的核心结论是，可以用各个参与方秘密份额的线性函数表示 $q(0)$。具体来说，

$$q(0) = \sum_{i=1}^{2t+1} \lambda_i q(i)$$

其中 λ_i 项表示对应的拉格朗日系数。因此，降阶步骤执行过程如下所述：

1. 每个参与方[⊖] P_i 生成 $q(i)$ 的 t 阶秘密分享，并将秘密份额 $[q(i)]$ 分发给其他参与方。为了简化符号表示，我们没有为秘密份额 $[q(i)]$ 所对应的多项式命名。需要记住的是，每个参与方 P_i 选择了最高为 t 阶的多项式，且此多项式的常系数为 $q(i)$。

2. 各个参与方在本地计算 $[q(0)]=\sum\limits_{i=1}^{2t+1} \lambda_i [q(i)]$。请注意，该表达式仅涉及秘密份额的加法和常数乘法运算。

由于 $[q(i)]$ 的秘密分享阈值为 t，因此 $[q(0)]$ 的秘密分享阈值也为 t，这就

⊖   从技术角度看，只需要 $2t+1$ 个参与方执行降阶步骤。

满足了固定范式的要求。

请注意，参与方对 BGW 协议中的乘法门求值时需要进行交互，即各个参与方需要发送秘密份额 $[q(i)]$。还需要注意的是，BGW 协议要求 $2t+1 \leqslant n$，否则由于 q 的阶可能会达到 $2t$，n 个参与方没有足够的信息确定 $q(0)$ 的值，因此当 $2t<n$ 时，BGW 协议在 t 个参与方被攻陷的条件下是安全的（即 BGW 协议的安全性依赖于多数诚实假设）。

输出导线。电路完成求值后，参与方最终会持有输出导线 α 的秘密份额 $[v_\alpha]$。每个参与方将秘密份额广播给其他参与方，使得所有参与方都能得到 v_α。

3.4　用预处理乘法三元组实现 MPC

将 MPC 协议划分为（参与方输入未知时的）预处理阶段和（参与方选择好输入时的）在线阶段是一种很受欢迎的 MPC 协议构造范式。预处理阶段为各个参与方生成一些相互之间具有一定关联性的随机量。参与方于在线阶段可以"消耗"这些随机量。第 6 章将讨论的一些主流恶意安全 MPC 协议也应用了这一范式。

直观思想。为了理解如何将协议中的一部分操作转移到预处理阶段，我们需要回顾一下 BGW 协议。BGW 协议中唯一的实际开销为对每个乘法门求值时的通信开销。然而，由于这一步骤是在对秘密份额进行操作，而参与方只能于在线阶段得到秘密份额（也就是说，秘密份额的取值依赖于电路输入），因此将这部分操作转移到预处理阶段好像并不是那么简单。尽管如此，Beaver 提出了一种非常聪明的方法，可以将大部分通信量都转移到预处理阶段（Beaver，1991）。

Beaver 三元组（或称乘法三元组）指的是秘密份额三元组 $[a]$，$[b]$，$[c]$，其中 a 和 b 是从某个适当的域中选择出的随机数，而 $c=ab$。可以用很多种方法在离线阶段生成 Beaver 三元组，例如以随机数作为输入直接执行 BGW 乘法子协议。在线阶段中，每对一个乘法门求值都需要"消耗"一个 Beaver 三元组。

考虑一个输入导线为 α，β 的乘法门。各个参与方持有秘密份额 $[v_\alpha]$ 和 $[v_\beta]$。为应用 Beaver 三元组 $[a]$，$[b]$，$[c]$ 计算 $[v_\alpha \cdot v_\beta]$，参与方执行下述步骤：

1. 各个参与方在本地计算 $[v_\alpha - a]$，并打开 $d = v_\alpha - a$（即所有参与方均向其他参与方告知自己持有的秘密份额 $[d]$）。虽然 d 的取值依赖于秘密值 v_α，但由于秘密值 v_α 被随机值 a 所掩盖，因此打开 d 不会泄漏与 v_α 相关的任何信息[⊖]。
2. 各个参与方在本地计算 $[v_\beta - b]$，并打开 $e = v_\beta - b$。
3. 观察下述等式：

$$\begin{aligned}v_\alpha v_\beta &= (v_\alpha - a + a)(v_\beta - b + b)\\&= (d+a)(e+b)\\&= de + db + ae + ab\\&= de + db + ae + c\end{aligned}$$

由于 d 和 e 已被打开，而各个参与方持有秘密份额 $[a]$，$[b]$，$[c]$，因此各个参与方在本地即可通过下述公式计算秘密份额 $[v_\alpha v_\beta]$[⊖]：

$$[v_\alpha v_\beta] = de + d[b] + e[a] + [c]$$

应用这一技术，只需要公开两个参数即可通过本地计算完成乘法门的求值。总的来说，对每个乘法门求值时，每个参与方需要对外广播两个域元素。而在普通 BGW 协议中，每个参与方需要（通过安全通信信道）发送 n 个域元素。不过，用这种方式比较性能开销实际上忽略了生成 Beaver 三元组所引入的计算和通信开销。但需要注意，可以通过一些方法批量生成 Beaver 三元组，使生成每个 Beaver 三元组的平均开销仅为每个参与方发送常数个域元素（Beerliová-Trubíniová and Hirt，2008）。

抽象。虽然 BGW 协议（更准确地说是 BGW 协议的降阶步骤）依赖于 Shamir 秘密分享方案，但 Beaver 三元组方法恰当地对 BGW 协议进行了抽

⊖ 由于 a 实际上是用于加密 v_α 的一次填充密钥（b 也一样），因此三元组 $[a]$，$[b]$，$[c]$ 只能被使用一次，不能在下一个乘法门上复用。

⊖ 公式 $[v_\alpha v_\beta] = de + d[b] + e[a] + [c]$ 中涉及在秘密份额上加公开常数 de 的操作。只要有一个参与方于本地在秘密份额上加公开常数即可完成此操作。——译者注

象。实际上，只要"抽象秘密分享方案"的秘密份额 $[v]$ 满足下述性质，就可以使用 Beaver 三元组方法：

- 加同态性：给定 $[x]$、$[y]$ 和公开值 z，参与方不需交互即可计算得到 $[x+y]$、$[x+z]$ 以及 $[xz]$。
- 可打开性：给定 $[x]$，参与方可以选择向所有其他参与方披露 x。
- 隐私性：攻击者(无论是何种攻击者)都无法从 $[x]$ 中得到与 x 相关的任何信息。
- Beaver 三元组：各个参与方可以为每一个乘法门构造满足 $c=ab$ 的随机三元组 $[a],[b],[c]$。
- 随机输入工具：对于属于参与方 P_i 的输入导线，各个参与方可以得到一个随机秘密份额 $[r]$，秘密份额 $[r]$ 对于除 P_i 的所有参与方来说都是随机的，只有 P_i 已知 r。在协议执行过程中，当 P_i 为此条输入导线选择好输入值 x 后，P_i 可以向所有其他参与方公开 $\delta=x-r$(但这不会泄漏 x 的任何相关信息)，参与方可以利用加同态性于本地计算得到 $[x]=[r]+\delta$ ⊖。

只要抽象秘密分享方案满足上述所有性质，Beaver 三元组方法就是安全的。进一步，只要抽象秘密分享方案在恶意攻击者的攻击下仍然满足可打开性和隐私性，则 Beaver 三元组方法也可以抵御恶意攻击者的攻击。如果 Beaver 三元组方法在恶意攻击者的攻击下是安全的，则恶意攻击者无法伪造出未被打开的秘密值。我们后续将在 6.6 节利用这一性质。

实例。显然，Shamir 秘密分享方案在面对最多 $t<n/2$ 个攻陷参与方的攻击时满足上述性质。因此 Shamir 秘密分享方案是一个满足上述性质的抽象秘密分享方案 $[\cdot]$。

另一种满足上述性质的抽象秘密分享方案是在域 $\mathbb{F}$ 上进行简单的加法秘密分享。在加法秘密分享中，$[v]$ 表示每个参与方 P_i 持有 v_i，且满足 $\sum_{i=1}^n v_i = v$。加法秘密分享满足加同态性，可以抵御 $n-1$ 个攻陷参与方的攻

⊖ 公式 $[x]=[r]+\delta$ 同样涉及在秘密份额上加公开常数 δ，只要有一个参与方于本地在秘密份额上加公开常数 δ 即可。——译者注

击。当令 $\mathbb{F}=\{0,1\}$ 时，我们可以得到 GMW 的在线/离线变种协议（因为 $\mathbb{F}=\{0,1\}$ 时，域上的加法运算和乘法运算分别对应 XOR 和 AND）。GMW 协议支持任意域 $\mathbb{F}$，不同域 $\mathbb{F}$ 下均可以构造相应的 GMW 算术电路协议。

3.5   常数轮 MPC：BMR 协议

姚氏乱码电路协议提出后，学者们进一步提出了多种支持多个参与方的 MPC 协议，如 3.2 节介绍的 Goldreich-Micali-Wigderson（GMW）协议（Goldreich，2009；Goldreich et al.，1987），以及 Ben Or-Goldwasser-Wigderson（BGW）协议（Ben-Or et al.，1988）、Chaum-Crépau-Damgård（CCD）协议（Chaum et al.，1988）。所有这些协议的执行轮数都与 $\mathcal{F}$ 所对应电路 $\mathcal{C}$ 的深度线性相关。Beaver-Micali-Rogaway（BMR）协议（Beaver et al.，1990）的执行轮数为常数（与电路 $\mathcal{C}$ 的深度无关），当参与方数量为 n 时，此协议在任意 $t<n$ 个攻陷参与方的攻击下是安全的。

BMR 的直观思想

BMR 协议将姚氏乱码电路的思想引入到多参与方场景下。之所以选择乱码电路作为构造的出发点，正是因为乱码电路协议的执行轮数为常数。然而，如果简单地把两参与方乱码电路协议修改为多参与方协议，则当需要将生成的乱码电路发送给求值方时，协议会遇到安全问题。实际上，生成方知道电路的所有秘密信息（即导线标签与导线值的对应关系），如果生成方与任意一个求值方合谋，这两个合谋方就可以得到中间导线值，破坏协议的安全性。

BMR 协议的基本思想是分布式执行乱码电路生成过程，任何参与方（甚至所有参与方的任意真子集）都无法单独得到乱码电路的秘密信息，即无法得到导线标签与导线值的对应关系。BMR 协议应用 MPC 协议并行完成所有门的乱码电路生成过程。具体方法是让各个参与方独立（并行）生成所有导线标签，并独立（并行）生成所有门的乱码表。由于所有门/导线的处理过程都是并行的，因此乱码电路生成过程的通信复杂度与待计算电路 $\mathcal{C}$ 的深度相互独立。无论待计算电路 $\mathcal{C}$ 多么复杂，（只要确定好安全参数 κ）乱码电路生成电路 $\mathcal{C}_{\text{GEN}}$ 的深度都是常数。虽然参与方对 $\mathcal{C}_{\text{GEN}}$ 进行 MPC 求值时的通信复杂度由 $\mathcal{C}_{\text{GEN}}$ 的深度决定，但 BMR 协议的总通信轮数仍然为常数。

可以将 $\mathcal{C}_{\text{GEN}}$ 安全求值后生成的乱码电路交付给指定的参与方 P_1，P_1 按照姚氏乱码电路的求值过程对电路求值。这里要解决的最后一个技术问题是如何将激活输入标签交付给 P_1。已有很多种交付方法，具体使用哪种交付方法取决于使用哪种 MPC 协议执行乱码电路生成过程。从概念上看，最简单的交付方法是把交付过程也看作乱码电路生成过程中的一部分。

上述方法在实际操作时可能并不容易，因为分布式生成乱码表的开销可能非常大，需要用 MPC 对用于加密乱码表条目的加密函数求值（具体加密函数要用 PRF 或哈希函数实现）。为此，学者们提出了很多优化协议。这些协议将 PRF/哈希函数求值过程从 MPC 中剥离出来。各个参与方只需要在本地对 PRF/哈希函数求值，并将 PRF/哈希函数的求值结果提供给 MPC 即可。此类协议的基本思想是让不同参与方生成导线标签的不同部分。也就是说，各个参与方生成导线 w_a 的标签 w_a^v 的子标签 $w_{a,j}^v$，再将 $w_{a,j}^v$ 串联起来，得到 w_a^v。随后，对于输入导线标签为 $w_a^{v_a}$，$w_b^{v_b}$、输出导线标签为 $w_c^{v_c}$ 的门 G_i，可以简单地将与输入值 v_a、v_b 和输出值 v_c 关联的乱码表条目设置为：

$$e_{v_a,v_b} = w_c^{v_c} \bigoplus_{j=1..n} (F(i, w_{a,j}^{v_a}) \oplus F(i, w_{b,j}^{v_b}))$$

其中 F 是一个 PRF，其以电路门的序号为索引值，将 $\kappa + 1$ 比特的输入扩展为 $n \cdot (\kappa + 1)$ 比特的输出。

乱码表各行条目的生成过程几乎完全由各个参与方在本地计算完成。每个参与方 P_j 计算 $F(i, w_{a,j}^{v_a}) \oplus F(i, w_{b,j}^{v_b})$，并将结果提交给 MPC 协议，MPC 协议只需要简单地对输入的所有值求异或，即可生成乱码表的各行条目。

然而，我们还没有完成 BMR 协议的构造。回想一下，乱码电路求值方 P_1 在求值时需要重建出激活标签。细心的读者会注意到，由于 P_1 知道自己为每一条导线标签贡献的子标签是什么，因此 P_1 可以根据这一信息判断出哪个导线标签是激活标签，从而破坏协议的安全性。

解决这个问题的方法是让每个参与方 P_j 为每一条导线 w_a 再增加一个"翻转"比特 $f_{a,j}$。由 n 个翻转比特的异或值 $f_a = \oplus_{j=1..n} f_{a,j}$ 决定明文值所对应的导线标签 w^{v_a}。翻转比特也需要作为 MPC 乱码电路构造协议的附加输入。由于增加了翻转比特，任意参与方子集都无法知道真正的翻转比特是什么。因此，即使从导线标签中识别出自己贡献的子标签，求值方也无法得知此导线标签关联的明文值是什么，故无法完整地计算出非激活标签。

图 3.3 简单描述了高效 BMR 乱码电路生成协议的一个具体实例。很容易按照姚氏乱码电路的求值过程对 BMR 乱码电路求值。

参数：
- 实现函数 $\mathcal{F}$ 的布尔电路 $\mathcal{C}$。
- 令 $F:id,\{0,1\}^{\kappa+1}\mapsto\{0,1\}^{n\cdot(\kappa+1)}$ 为一个 PRF。

参与方：
- $P_1,P_2,\cdots,P_n$，其输入分别为 $x_1,\cdots,x_n\in\{0,1\}^k$。

生成乱码电路：

1. 对于 $\mathcal{C}$ 的每一条导线 w_i，每个参与方 P_j 随机选择导线子标签 $w_{i,j}^b=(k_{i,j}^b,p_{i,j}^b)\in_R\{0,1\}^{\kappa+1}$，满足 $p_{i,j}^b=1-p_{i,j}^{1-b}$，并随机选择翻转比特秘密份额 $f_{i,j}\in_R\{0,1\}$。对于每一条导线 w_i，参与方 P_j 本地计算其 MPC 协议的输入：
$$I_{i,j}=(F(i,w_{i,j}^0),F(i,w_{i,j}^1),p_{i,j}^0,f_{i,j})$$

2. 对于 $\mathcal{C}$ 的每一个门 G_i，所有参与方并行参与一个计算乱码表的 n 方 MPC 协议。此协议的输入是所有参与方的输入 $x_1,\cdots,x_n$ 以及预计算的输入值 $I_{i,j}$。协议的目标是对下述函数求值：

    (a) 假设 G_i 是一个输入导线为 w_a,w_b、输出导线为 w_c、实现函数 g 的 2-输入布尔门。

    (b) 计算标识比特 $p_a^0=\oplus_{j=1..n}p_{a,j}^0$，$p_b^0=\oplus_{j=1..n}p_{b,j}^0$，$p_c^0=\oplus_{j=1..n}p_{c,j}^0$，并设置 $p_a^1=1-p_a^0$，$p_b^1=1-p_b^0$，$p_c^1=1-p_c^0$。类似地，对所有参与方提交的翻转比特秘密份额求异或，得到翻转比特 f_a,f_b,f_c。求原始导线值和翻转比特 f_a,f_b,f_c 的异或值，从而根据翻转比特修正原始导线值（下一步骤描述了具体的计算过程）。

    (c) 创建 G_i 的乱码表。对于 G_i 的输入值 $v_a,v_b\in\{0,1\}$ 的 2^2 种可能的组合，设置
$$e_{v_a,v_b}=w_c^{v_c\oplus f_c}\underset{j=1..n}{\oplus}(F(i,w_{a,j}^{v_a\oplus f_a})\oplus F(i,w_{b,j}^{v_b\oplus f_b}))$$
    其中 $w_c^0=w_{c,1}^0\parallel\cdots\parallel w_{c,n}^0\parallel p_c^0$，$w_c^1=w_{c,1}^1\parallel\cdots\parallel w_{c,n}^1\parallel p_c^1$。
    对乱码表中的条目 e 排序，将条目 e_{v_a,v_b} 放置在位置 $(p_a^{v_a},p_b^{v_b})$ 上。

    (d) 向 P_1 输出计算得到的乱码表。向 P_1 输出各个参与方输入 $x_1,\cdots,x_n$ 所对应 $\mathcal{C}$ 的激活标签。

图 3.3   BMR 多方乱码电路生成协议

3.6　信息论安全乱码电路

姚氏乱码电路协议和 GMW 协议给出了 MPC 中两种秘密分享方案的应用方法。在本节中，我们将讨论第三种应用方法，即不在参与方间进行秘密分享，而是在导线上进行秘密分享。这种构造方法也非常有趣，因为得到的 MPC 协议在 OT 混合假设下满足信息论安全性，即除了依赖的底层 OT 协议外，协议其余部分的安全性不依赖于任何计算困难性假设。从实际角度看，考虑信息论安全乱码电路的一个主要原因是，信息论安全乱码电路提供了一个平衡通信带宽和网络延时的 MPC 解决方案：信息论安全乱码电路比姚氏乱码电路的总通信量要低，但会增加额外的通信轮数。虽然 MPC 的大多数研究方向聚焦于降低通信轮数，但我们相信如机器学习等某些特定的计算问题可能会用到非常宽的电路，这种场景下使用信息论安全乱码电路可能会更合适一些。

一般来说，信息论安全的方案会以较大的性能开销为代价来换取更高的安全性。但令人惊讶的是，MPC 场景下这个结论并不成立。直观地说，信息论安全方案的性能反而更优的其中一个原因是，信息论安全加密方案允许单比特明文所对应的密文也为单比特长，不用达到安全参数那么长。另一个原因是信息论安全加密方案只需要用到逐比特 XOR 运算和比特置乱运算，不需要使用诸如 AES 的标准密码学原语。

我们主要介绍 Kolesnikov 提出的门求值秘密分享（Gate Evaluation Secret Sharing，GESS）方案（Kolesnikov，2005）（Kolesnikov 在后续的论文（Kolesnikov，2006）中更详细地描述了方案）。这是目前为止最高效的信息论安全乱码电路方案。Kolesnikov 论文（Kolesnikov，2005）的最主要成果是提出了一个实现对布尔方程式（Boolean Formula）F 求值的 2PC 协议。协议的通信复杂度约为 $\sum d_i^2$，其中 d_i 为 F 中第 i 个叶子节点的深度。

GESS 本质上是一个秘密分享方案，其设计目的是在密文状态下对布尔门 G 求值。G 的输出导线标签是根据 P_1 提供的四个秘密份额计算得到的两个秘密值，每个秘密值与两条输入导线的一组输入导线标签组合相关联。GESS 保证用有效秘密份额组合（每条输入导线提供其中一个秘密份额）重建出输出导线标签。此电路的构造原理与姚氏乱码电路类似，区别是 GESS 不需要用到乱码表，因此可以把 GESS 看作姚氏乱码电路的一般化形式。与姚氏乱码电路类似，GESS 可以逐门进行秘密分享，不需要在电路求值过程中重建或解码出电路的中间明文值。

考虑一个 2-输入布尔门 G。确定好门 G 的真值表和可能的输出值 s_0, s_1 后，P_1 生成输入导线标签 $(sh_{10}, sh_{11}), (sh_{20}, sh_{21})$，使得对于 $i, j \in \{0,1\}$，每对可能的输入 $(sh_{1,i}, sh_{2,j})$ 都可以重建出 $G(i,j)$，但不会泄漏任何其他信息。现在，如果 P_2 获得了输入导线的秘密份额，P_2 就可以重建出输出导线标签，但无法获得任何额外的信息。

GESS 的构造思想与秘密分享方案非常类似。实际上，门所有可能的输出是秘密分享方案中要被分享的秘密值。这些秘密值被分享到输入导线上，参与方通过输入导线的编码值（秘密份额）逐门重建出电路的输出值。

3.6.1   2-输入布尔门 GESS 方案

我们首先给出 1 对 1-门函数 $G: \{0,1\}^2 \mapsto \{00, 01, 10, 11\}$ 的 GESS 协议，其中 $G(0,0)=00, G(0,1)=01, G(1,0)=10, G(1,1)=11$。显然，此协议是布尔门功能函数 $G: \{0,1\}^2 \mapsto \{0,1\}$ 的一般化形式。

令秘密值所在的域为 $\mathcal{D}_S = \{0,1\}^n$，四个可能的输出秘密值（不要求这四个秘密值互不相同）为 $s_{00}, \cdots, s_{11} \in \mathcal{D}_S$。秘密值 s_{ij} 对应于输出导线 $G(i,j)$。

GESS 方案的设计思想如下所述（参见图 3.4 的过程演示）。我们首先随机选择两个字符串 $R_0, R_1 \in_R \mathcal{D}_S$，令这两个字符串为秘密份额 sh_{10} 和 sh_{11}（分别与第一条输入导线的明文值 0 和 1 所关联）。现在考虑 sh_{20}，即与第二条输入导线的明文值 0 所关联的秘密份额。我们想让此秘密份额（与 sh_{10} 组合时）生成 s_{00} 或者（与 sh_{11} 组合时）生成 s_{10}。因此，秘密份额 sh_{20} 包含两个数据块。第一个数据块是 $s_{00} \oplus R_0$，其与 $sh_{10} = R_0$ 组合时重建出 s_{00}。第二个数据块是 $s_{10} \oplus R_1$，其与 $sh_{11} = R_1$ 组合时重建出 s_{10}。用类似的方法构造秘密份额 sh_{21}，即将 sh_{21} 的两个数据块分别设置为 $s_{01} \oplus R_0$ 和 $s_{11} \oplus R_1$。

第二条输入导线上的左侧数据块都将与相同的秘密份额R_0组合使用，右侧数据块都将与相同的秘密份额R_1组合使用。因此，我们在R_0附加一个标识比特 0，用于告知重建方在用R_0重建秘密值时要使用第二条输入导线上左侧的数据块。同样地，我们在R_1附加一个标识比特 1，用于告知重建方在用R_1重建秘密值时要使用第二条输入导线上右侧的数据块。最后，为了隐藏数据块顺序所泄漏的信息，我们再随机选择一个比特b。如果$b=1$，我们交换第二条导线上数据块的顺序，再翻转第一条导线上的附加标识比特。根据附加标识比特对第一条导线秘密份额（不包括附加标识比特）与第二条导线前半部分或后半部分的秘密份额求异或，所得到的结果就是输出导线的秘密值。

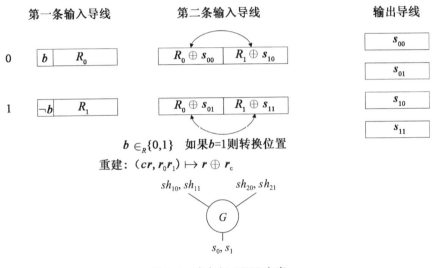

图 3.4　布尔门 GESS 方案

3.6.2　减少秘密份额增长量

注意到上述构造方案是非常低效的，因为第二条输入导线的秘密份额长度为输出导线秘密值长度的两倍。虽然我们可以让秘密份额的长度增长方向往电路较浅的部分倾斜，从而避免秘密份额长度（依电路深度）成指数级增长，但我们仍然需要一个更有效的解决方案。这里我们只讨论 AND 门和 OR 门的秘密分享方法，因为生成方只需要按语义翻转导线标签即可构造出 NOT 门。GESS 还可以在不增加秘密份额长度的条件下实现 XOR 门的秘密分享。我们将在 4.1.2 节再讨论 XOR 门的秘密分享方法，因为 GESS 中 XOR 门的秘密分享方法衍生出了姚氏乱码电路的一个重要性能改进方案。

对于上述构造方案中的 OR 门和 AND 门，第二条输入导线的秘密份额中左侧和右侧的两对数据块中一定有一对是相等的（这是因为 AND 门中 $s_{00} = s_{01}$，而 OR 门中 $s_{10} = s_{11}$）。如果秘密值 $s_{00}, s_{01}, s_{10}, s_{11}$ 的形式满足上述性质，就可以利用这一性质降低秘密份额的长度。关键思想是将第二条导线的秘密份额看成四个秘密份额，只有一个秘密份额与其他三个秘密份额不相等。

假设四个秘密值都包含 n 个数据块，这四个秘密值中只有第 j 个数据块不相等，如下所示：

$$s_{00} = (t_1 \quad \cdots \quad t_{j-1} \quad t_j^{00} \quad t_{j+1} \quad \cdots \quad t_n)$$

$$\cdots$$

$$s_{11} = (t_1 \quad \cdots \quad t_{j-1} \quad t_j^{11} \quad t_{j+1} \quad \cdots \quad t_n)$$

其中 $\forall i = 1..n : t_i, t_j^{00}, t_j^{01}, t_j^{10}, t_j^{11} \in \{0,1\}^k$，而 k 为某个固定的参数。这里按列考虑数据块会更方便一些。（除了第 j 列以外）每列都包含四个相等的数据块，但 j 的取值是保密的。

为简单起见，我们仅通过一个特殊情况来介绍方案的主要构造思想：四个秘密值各包含 $n=3$ 个数据块，而 $j=2$ 是不相等数据块所对应的列索引值。图 3.5 给出了方案的直观构造思想。可以很自然地通过此构造思想得到完整的构造方案。Kolesnikov 在论文中（Kolesnikov，2005）给出了更完整的方案描述。

基本思想是"逐列"分享秘密值，将秘密值的三个列看成子秘密三元组，对三元组分别进行独立的秘密分享，生成对应的秘密份额。考虑对第 1 列进行秘密分享。第 1 列的所有四个子秘密都相同（都等于 t_1），我们直接将第一条输入导线的子秘密份额设置为随机字符串 $R_1 \in_R \mathcal{D}_\mathcal{S}$，将第二条输入导线的子秘密份额设置为 $R_1 \oplus t_1$。应用相同的方法对第 3 列进行秘密分享。我们接下来按照上文所述的方案对第 2 列进行秘密分享（图 3.5 中高亮标注出第 2 列的秘密分享结果），但暂时略去附加的标识比特和置换步骤（此时

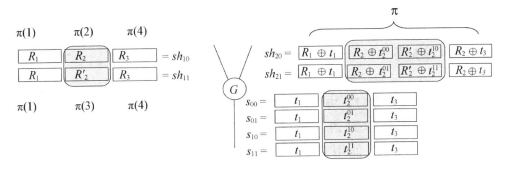

图 3.5　布尔门的优化 GESS 协议

数据块的顺序仍然泄漏了一定的信息）。请注意，我们仍然通过求秘密份额对应数据块的异或结果来重建秘密值。重要的是，对于两种秘密分享方式，重建秘密值的方法是一致的。例如，给定秘密份额 sh_{10} 和 sh_{21}，我们通过计算 $s_{01} = (R_1 \oplus (R_1 \oplus t_1), R_2 \oplus (R_2 \oplus t_2^{01}), R_3 \oplus (R_3 \oplus t_3))$ 来重建秘密值 s_{01}。

剩下的标识置换步骤是应用（相同的）随机置换 π 重新排列第二条输入导线的四个列，并在第一条输入导线的每个数据块后方附加（log4）个标识比特，告知求值方应该使用第二条输入导线秘密份额的哪个数据块来重建输出秘密值。注意，附加到第一条导线上第 1 列数据块后方的标识比特都是相同的。附加到第 3 列数据块后方的标识比特也都相同。只有附加到第 2 列数据块后方的标识比特不相同。例如，如果应用了恒等置换，我们将在两个 R_1 后方附加 "1"，在 R_2 后方附加 "2"，在 R'_2 后方附加 "3"，在两个 R_3 后方附加 "4"。这就引出了一个关键点：由于 G 为 OR 门或 AND 门，因此两条输入导线的两个秘密份额三元组均满足这样一个性质，除了一个数据块外，其余数据块全都相等。这样我们就可以让 GESS 方案重复使用（即连续分享）OR 和 AND 门了。

最后，我们把所有模块汇总到一起，形成基于 GESS 的完整 MPC 协议。P_1 将函数 $\mathcal{F}$ 表示为一个方程式 F。随后，从 F 的输出导线开始，P_1 以明文输出导线标签作为秘密值，在电路的所有门上重复使用 GESS 方案，为门的每一条输入导线指定秘密份额，直到方程式的输入导线也都被指定好相应的秘密份额。随后，P_1 向 P_2 发送输入导线的激活标签，P_2 重复使用 GESS 秘密重建算法，最终获得 F 的输出导线标签。

3.7 OT 协议

在 2.4 节定义的 OT 协议是 MPC 协议最基础的构造模块。OT 协议天生属于非对称密码学原语。Impagliazzo 和 Rudich 证明（Impagliazzo and Rudich，1989），如果能用对称密码学原语（单项函数或 PRF）构造 OT 协议，则意味着 P≠NP。然而，Beaver 首先注意到，只需要少量公钥密码学运算即可批量执行 OT 协议（Beaver，1996）。Beaver 的方案构造是非黑盒的，即需要以电路形式描述 PRF，并用 MPC 协议对 PRF 求值。因此，Beaver 给出的结果主要是从理论层面证明了可行性。Ishai 等人（Ishai et al.，2003）提出了一个非常高效的批处理 OT 协议，使这一思想真正从理论走向了实际。应用此协议，每批 OT 协议只需要 κ 次公钥密码学运算，每个单独的 OT 协议只需要两次或者三次哈希运算。

3.7.1 基于公钥的 OT 协议

我们先讲解半诚实攻击模型下基于公钥的 OT 协议。图 3.6 给出了协议的构造方法。此协议的原理非常简单。

参数：

- 两个参与方：发送方 $\mathcal{S}$ 和接收方 $\mathcal{R}$。$\mathcal{S}$ 的输入为秘密值 $x_1, x_2 \in \{0,1\}^n$，$\mathcal{R}$ 的输入为选择比特 $b \in \{0,1\}$。

协议：

1. $\mathcal{R}$ 生成一个公私钥对 (sk, pk)，并从公钥空间中采样得到一个随机公钥 pk'。如果 $b=0$，$\mathcal{R}$ 将 (pk, pk') 发送给 $\mathcal{S}$。否则（如果 $b=1$），$\mathcal{R}$ 将 (pk', pk) 发送给 $\mathcal{S}$。
2. $\mathcal{S}$ 接收 (pk_0, pk_1) 并向 $\mathcal{R}$ 发送两个密文 $(e_0, e_1) = (\mathsf{Enc}_{pk_0}(x_0), \mathsf{Enc}_{pk_1}(x_1))$。
3. $\mathcal{R}$ 接收 (e_0, e_1)，并用 sk 解密密文 e_b。由于 $\mathcal{R}$ 不知道另一个密文所关联的密钥，因此 $\mathcal{R}$ 无法解密另一个密文。

图 3.6 基于公钥的半诚实安全 OT 协议

此协议假设存在一个公钥加密方案，可以在不获得对应私钥的条件下采样得到一个随机的公钥。此协议在半诚实攻击模型下是安全的。发送方

$\mathcal{S}$ 只能看到由 $\mathcal{R}$ 发送的两个公钥，因此 $\mathcal{S}$ 无法以超过 $\frac{1}{2}$ 的概率预测出 $\mathcal{R}$ 拥有哪个公钥所对应的私钥。因此，仿真者可以直接向 $\mathcal{S}$ 发送两个随机选择的公钥，从而仿真出 $\mathcal{S}$ 的视角。

接收方 $\mathcal{R}$ 可看到两个密文，其私钥只能用于解密其中一个密文。给定 $\mathcal{R}$ 的输入和输出，同样很容易仿真 $\mathcal{R}$ 的视角。$\mathsf{Sim}_{\mathcal{S}}$ 将生成公私钥对和一个随机公钥，并将仿真接收密文设置为：1)收到的秘密值在所生成公私钥对下加密得到的密文，2)明文 0 在随机公钥下加密得到的密文。与协议的真实执行过程相比，只有第二个密文的生成过程有所区别，且根据加密方案的安全性要求，攻击者无法区分 0 和其他明文在同一公钥下加密得到的密文，因此仿真可以成功骗过攻击者，使攻击者无法判断是在真实世界中还是理想世界中，从而证明了协议的安全性。请注意，此半诚实安全协议无法抵御恶意接收方的攻击。接收方 $\mathcal{R}$ 可以简单地生成两个公私钥对 (sk_0, pk_0) 和 (sk_1, pk_1)，并将 (pk_0, pk_1) 发送给 $\mathcal{S}$。这样一来，$\mathcal{R}$ 可以解密收到的两个密文，同时得到 x_1 和 x_2。

3.7.2 OT 协议中的公钥密码学操作

在图 3.6 给出的简单协议中，发送方和接收方对每一个选择比特都要执行一次公钥密码学操作。在姚氏乱码电路等基于布尔电路的 MPC 协议中，必须对电路求值方的每一个输入比特执行一次 OT 协议。对于像 GMW 这样的协议，每对一个 AND 门求值都需要使用 OT 协议。因此，有一些研究工作致力于降低执行大量 OT 协议时所需的公钥密码学操作数量。

Beaver 的非黑盒构造。Beaver(Beaver，1996)提出了一种自举姚氏乱码电路协议，可以用少量公钥密码学操作生成多项式数量级的 OT 协议。我们在 3.1 节已经介绍过，计算电路 $\mathcal{C}$ 的乱码电路协议要使用 m 个 OT 协议，其中 m 为 P_2 的输入比特数量。我们遵从 OT 协议的表示方法，称 P_1（乱码协议中的电路生成方）为发送方 $\mathcal{S}$，P_2（乱码电路中的电路求值方）为接收方 $\mathcal{R}$。令 m 表示现在需要批量执行的 OT 协议数量。$\mathcal{S}$ 的输入为 m 对秘密值 $(x_1^0, x_1^1), \cdots, (x_m^0, x_m^1)$，$\mathcal{R}$ 的输入为 m 比特长的选择比特串 $b=$

$(b_1,\cdots,b_m)$。

我们现在要构造出一个实现功能函数 $\mathcal{F}$ 的电路 $\mathcal{C}$，功能函数 $\mathcal{F}$ 的输入是来自 $\mathcal{R}$ 的少量比特串，但 $\mathcal{F}$ 将多项式数量级的 OT 协议的执行结果输出给 $\mathcal{R}$。$\mathcal{R}$ 提供给 $\mathcal{F}$ 的输入是随机选择的 κ 比特长字符串 r。令 G 为一个伪随机生成器，可以将 κ 比特长随机数扩展到 m 比特长。$\mathcal{R}$ 向 $\mathcal{S}$ 发送用随机字符串 $G(r)$ 加密的输入比特串 $b\oplus G(r)$。随后，$\mathcal{S}$ 向 $\mathcal{F}$ 提供的输入为 m 对秘密值 $(x_1^0,x_1^1),\cdots,(x_m^0,x_m^1)$ 和一个 m 比特长字符串 $b\oplus G(r)$。给定 r，函数 $\mathcal{F}$ 计算 m 比特长的扩展值 $G(r)$，解密 $b\oplus G(r)$，得到选择比特串 b。$\mathcal{F}$ 接下来只需要向 $\mathcal{R}$ 输出 b_i 所对应的秘密值 x_{b_i}。$\mathcal{R}$ 作为电路求值方只需要向 $\mathcal{F}$ 提供 κ 比特长的输入，因此只需要用 κ 个（即常数个）OT 协议即可实现 m 个 OT 协议。

降低公钥密码学操作数量。Beaver(Beaver，1996)给出的构造方法非常简单，可以将执行 m 个 OT 协议所需的非对称密码学操作数量降低为 κ 次，其中 κ 为预先设定的安全参数。但是，Beaver 方案在实际中并不高效，因为方案要对一个非常大的乱码电路求值。回想一下，我们的目标是基于少量的 k 个基础 OT 协议，只应用对称密码学操作实现 $m\gg k$ 个有效的 OT 协议。这里，k 的取值仅依赖于计算安全参数 κ，我们后面将讲解如何选择 k 的值。下面我们描述 Ishai 等人(Ishai et al.，2003)提出的 OT 扩展协议。此协议可在半诚实攻击者的攻击下实现 m 个 2 选 1-OT 协议，用来安全地传输 m 个随机字符串。

Kolesnikov 和 Kumaresan(Kolesnikov and Kumaresan，2013)提出了 OT 协议的编码理论框架，我们在此沿用 Kolesnikov 和 Kumaresan 给出的符号表示方法。假设接收方 $\mathcal{R}$ 的选择比特串为 $r\in\{0,1\}^m$。$\mathcal{R}$ 选择两个 $m\times k$ 的矩阵(m 行、k 列)T 和 U。令 $t_j,u_j\in\{0,1\}^k$ 分别表示 T 和 U 的第 j 行向量。矩阵中的各个元素是随机选择的，且满足：

$$t_j\oplus u_j=r_j\cdot 1^k\xrightarrow{\text{def}}\begin{cases}1^k & \text{如果 }r_j=1\\0^k & \text{如果 }r_j=0\end{cases}$$

发送方 $\mathcal{S}$ 选择一个随机字符串 $s\in\{0,1\}^k$。两个参与方的角色进行对调，通过调用 k 个 2 选 1-OT 协议，接收方 $\mathcal{R}$ 根据字符串 s 的各个比特值 s_i

向发送方依次传输 T 和 U 的各个列。在第 i 个 OT 协议中，接收方 $\mathcal{R}$ 的输入为 $\boldsymbol{t}^i$ 和 $\boldsymbol{u}^i$，这两个秘密值分别为 T 和 U 的第 i 列。$\mathcal{S}$ 将 s_i 作为 OT 协议的选择比特，接收 OT 协议的输出 $\boldsymbol{q}^i \in \{\boldsymbol{t}^i, \boldsymbol{u}^i\}$。请注意，这些 OT 协议传输的字符串长度 $m \gg k$。很容易扩展 OT 协议的消息传输长度，只需要加密并发送两个 m 比特长的字符串，再用传输短字符串的 OT 协议发送正确的解密密钥即可。

现在，令 Q 表示发送方获得的矩阵，矩阵的每一列分别为 $\boldsymbol{q}^i$。令 $\boldsymbol{q}_j$ 表示 Q 的第 j 行。这里要用到的一个核心观察结论是

$$\boldsymbol{q}_j = \boldsymbol{t}_j \oplus [r_j \cdot s] = \begin{cases} \boldsymbol{t}_j & \text{如果 } r_j = 0 \\ \boldsymbol{t}_j \oplus s & \text{如果 } r_j = 1 \end{cases} \tag{3.1}$$

令 H 为一个随机预言机[⊖]。$\mathcal{S}$ 接下来可以利用 H 计算得到两个随机字符串 $H(\boldsymbol{q}_j)$ 和 $H(\boldsymbol{q}_j \oplus s)$，而 $\mathcal{R}$ 只能根据 $\mathcal{R}$ 的选择比特通过计算 $H(\boldsymbol{t}_j)$ 得到其中的一个随机字符串。实际上，根据等式(3.1)，$\boldsymbol{q}_j$ 或者等于 $\boldsymbol{t}_j$，或者等于 $\boldsymbol{t}_j \oplus s$，具体等于哪个值取决于 $\mathcal{R}$ 的选择比特 r_j 等于什么。请注意，$\mathcal{R}$ 没有得到 s 的任何信息。直观上看，$\mathcal{R}$ 只能得到两个随机字符串 $H(\boldsymbol{q}_j)$，$H(\boldsymbol{q}_j \oplus s)$ 中的一个随机字符串。因此，m 行矩阵的每一行都生成了一个 2 选 1-OT 协议，成功传输了一个随机字符串。

我们在协议中进一步添加下述步骤，将此协议扩展为传输两个给定秘密值 s_0，s_1 的标准 2 选 1-OT 协议。$\mathcal{S}$ 接下来使用两个密钥 $H(\boldsymbol{q}_j)$ 和 $H(\boldsymbol{q}_j \oplus s)$ 加密两个秘密值，并将两个加密结果(即 $H(\boldsymbol{q}_j) \oplus s_0$ 和 $H(\boldsymbol{q}_j \oplus s) \oplus s_1$)发送给 $\mathcal{R}$。由于 $\mathcal{R}$ 只能得到 $H(\boldsymbol{q}_j)$ 和 $H(\boldsymbol{q}_j \oplus s)$ 的其中一个值，$\mathcal{R}$ 只能得到与选择比特关联的秘密值 s_i。

编码释义和轻量级的 2^ℓ 选 1-OT 协议。 在 IKNP 协议中，接收方要准备秘密分享矩阵 T 和 U，使得 $T \oplus U$ 的每一行取值全为 0 或者全为 1。Kolesnikov 和 Kumaresan(Kolesnikov and Kumaresan，2013)将 IKNP 协议中的这一步骤解释为对选择比特串进行重复编码(Repetition Code)。他们

⊖ Ishai 等人(Ishai et al.，2003)在论文中指出，只需要假设 H 是一个关联健壮哈希函数，协议即可满足安全性要求。关联健壮哈希函数假设要比随机预言机模型弱。之所以这里要用到一个特殊的假设，是因为得到的每个 OT 协议都共用了相同的 s。

建议在这一步骤中用其他编码方法替代重复编码。

我们现在考虑如何使用 IKNP 的 OT 扩展协议实现 2^ℓ 选 1-OT 协议。此时，接收方的输入 r_i 不再是一个选择比特，而是一个 ℓ 比特长的字符串。令 C 为 ℓ 维线性纠错编码(Error Correcting Code)，编码长度为 k。接收方要准备矩阵 T 和 U，使得 $t_j \oplus u_j = C(r_j)$。

现在我们推广等式(3.1)，发送方 $\mathcal{S}$ 收到的是

$$q_j = t_j \oplus [C(r_j) \cdot s] \qquad (3.2)$$

其中"·"表示两个 k 比特长字符串的逐比特 AND 运算(请注意，当 C 为重复编码时，等式(3.2)退化为等式(3.1))。

每个选择字符串 $r' \in \{0,1\}^\ell$ 对应的秘密值为 $H(q_j \oplus [C(r') \cdot s])$，发送方可以计算所有 $r' \in \{0,1\}^\ell$ 对应的秘密值。与此同时，接收方只能计算得到其中的一个秘密值 $H(t_j)$。整理等式(3.2)，我们得到

$$H(t_j) = H(q_j \oplus [C(r_j) \cdot s])$$

因此，接收方计算得到的值等于发送方与接收方选择字符串 $r' = r_j$ 对应的秘密值。

到此为止，传输随机字符串的 OT 协议已经执行完毕。为了让 OT 协议传输给定的字符串，发送方把每个 $H(q_i \oplus [C(r) \cdot s])$ 作为密钥加密第 r 个秘密值。接收方只能解密其中一个密文，得到与选择字符串 r_j 对应的秘密值。

为说明接收方只能得到一个字符串，假设接收方的选择字符串为 r_j，但其还想得到与另一个选择字符串 $\tilde{r}$ 对应的秘密值 $H(q_j \oplus [C(\tilde{r}) \cdot s])$。我们观察到：

$$q_j \oplus [C(\tilde{r}) \cdot s] = t_j \oplus [C(r_j) \cdot s] \oplus [C(\tilde{r}) \cdot s]$$
$$= t_j \oplus [(C(r_j) \oplus C(\tilde{r})) \cdot s]$$

这里非常重要的一点是，接收方已知上述表达式中除 s 外所有变量的值。现在，假设线性纠错编码 C 的最小汉明距离为 κ(即安全参数)，则 $C(r_j) \oplus C(\tilde{r})$ 的汉明重量至少为 κ。直观上看，攻击者至少需要猜测出秘密字符串 s 的 κ 个比特才能破坏协议的安全性。此协议在随机预言机模型下是安全的。根据 Ishai 等人(Ishai et al. , 2003)及 Kolesnikov 和 Kumaresan

(Kolesnikov and Kumaresan，2013)的描述，也可以在更弱的关联健壮函数假设下证明协议的安全性。

最后，我们需要特别强调的是，OT 扩展矩阵的宽度 k 等于线性纠错编码 C 中码字的长度。参数 k 将决定基础 OT 协议的调用数量，继而决定协议的总计算开销。

IKNP 协议将 OT 矩阵的宽度设置为 $k=\kappa$。为满足与 IKNP 协议相同的安全参数，KK13 协议(Kolesnikov and Kumaresan，2013)需要令 $k=2\kappa$，从而为线性纠错编码 C 提供更大的编码距离空间。

3.8　专用协议

到目前为止，本章讨论的所有 MPC 协议都是基于电路的通用协议。此类协议的网络带宽开销与电路的规模呈线性增长关系。对于大规模计算函数，此量级的网络带宽开销是无法承受的。与随机存取机（Random Access Machine，RAM)相比，用基于电路的 MPC 协议构造大型数据结构所引入的性能开销过高。我们将在第 5 章讨论如何把亚线性复杂度的数据结构与基于电路的通用协议结合的方法。

另一种方法是为特定问题设计专用协议。与通用协议相比，这种方法存在一些明显的缺点。首先，需要设计并证明专用协议的安全性。其次，一般无法将专用协议和通用协议集成到一起。即使存在针对特定函数的高效专用协议，隐私保护应用程序还需要围绕此协议设计额外的预处理或后处理阶段，才能组合使用通用协议和专用协议。在不设计相应转换方案的条件下，一般不可能直接将专用协议和通用协议连接到一起使用。最后，虽然已经存在针对通用协议的安全性增强技术(第 6 章)，但可能无法直接(高效地)增强专用协议的安全性，使其经过简单的修改即可抵御恶意攻击者的攻击。

尽管如此，确实可以为一些特定问题设计专用协议，这些专用协议会带来巨大的性能提升。我们在本节简要介绍实际中的一个重要特定问题：隐私保护集合求交。

3.8.1 隐私保护集合求交

隐私保护集合求交(Private Set Intersection，PSI)的目标是允许一组参与方联合计算各自输入集合的交集，但不泄漏除交集之外的任何额外信息(额外信息不包括输入集合的大小上界)。尽管可以利用通用 MPC 协议构造 PSI 协议(Huang et al.，2012a)，但可以利用集合求交这一问题的特殊结构实现更高效的专用协议。

我们将介绍当前最先进的两方 PSI 协议(Kolesnikov et al.，2016)。此协议是在 Pinkas 等人(Pinkas et al.，2015)协议的基础上构造的，该协议强依赖于不经意 PRF(Oblivious PRF，OPRF)协议，并将 OPRF 作为此协议的分支协议。OPRF 是一个 MPC 协议，允许两个参与方对一个 PRF 的 F 求值，其中一个参与方持有 PRF 的密钥 k，另一个参与方持有 PRF 的输入 x，协议令第二个参与方得到 $F(k,x)$。我们首先阐述应用 OPRF 构造 PSI 的方法，随后简要讨论 OPRF 的构造方法。Kolesnikov 等人协议(Kolesnikov et al.，2016)的核心优化点在于，他们提出了一个更高效的 OPRF 协议。

应用 OPRF 构造 PSI。我们现在将描述应用 OPRF 构造 PSI 的 Pinkas-Schneider-Segev-Zohner(PSSZ)协议。具体来说，我们将介绍两个参与方拥有大致相同数量的 n 个元素时 PSSZ 协议所用的参数。

该协议要用到包含 3 个哈希函数的布谷鸟哈希(Cuckoo Hashing)(Pagh and Rodler，2004)⊖。我们现在简要介绍布谷鸟哈希的基本原理。为应用布谷鸟哈希将 n 个元素分配到 b 个箱子中，首先选择 3 个随机哈希函数 $h_1,h_2,h_3:\{0,1\}^* \to [b]$，并初始化 b 个空箱子 $\mathcal{B}[1,\cdots,b]$。为计算元素 x 的哈希值，首先检查 $\mathcal{B}[h_1(x)],\mathcal{B}[h_2(x)],\mathcal{B}[h_3(x)]$ 这三个箱子中是否有一个是空箱子。如果至少有一个箱子是空的，则将 x 放置在其中一个空箱子内，并终止算法。否则，随机选择 $i \in \{1,2,3\}$，将 $\mathcal{B}[h_i(x)]$ 中的当

⊖ 布谷鸟的学名为大杜鹃，本书采用了音译。布谷鸟的特点是把蛋下到别的鸟巢里。布谷鸟的幼鸟一般比别的鸟早出生，幼鸟出生后会把未出生的其他鸟蛋挤出鸟巢。布谷鸟哈希处理哈希碰撞的方法是驱逐出原来占用位置的元素，与布谷鸟的行为类似。因此，学者用布谷鸟的生物学典故借喻布谷鸟哈希的碰撞处理方法。——译者注

前元素驱逐出箱子,将 x 放置在此箱子中,并向其他箱子迭代插入被驱逐的元素。如果经过一定次数的迭代之后算法仍未终止,则将最后被驱逐出的元素放置在一个名为暂存区(Stash)的特殊箱子中。

PSSZ 方案应用布谷鸟哈希实现 PSI。首先,两个参与方为 3-布谷鸟哈希选择 3 个随机哈希函数 h_1,h_2,h_3。假设 P_1 的输入集合为 X,P_2 的输入集合为 Y,且满足 $|X|=|Y|=n$。P_2 应用布谷鸟哈希将集合 Y 中的元素放置在 $1.2n$ 个箱子和大小为 s 的暂存区中。此时,P_2 的每个箱子中最多含有一个元素,暂存区中最多含有 s 个元素。P_2 用虚拟元素填充箱子和暂存区,使每个箱子均包含一个元素,暂存区中包含 s 个元素。

两个参与方随后执行 $1.2n+s$ 个 OPRF 协议,P_2 作为 OPRF 协议的接收方,分别将 $1.2n+s$ 个元素作为 OPRF 的输入。令 $F(k_i,\cdot)$ 表示第 i 个 OPRF 协议所对应的 PRF。如果 P_2 通过布谷鸟哈希将元素 y 放置在第 i 个箱子中,则 P_2 得到 $F(k_i,y)$;如果 P_2 将元素 y 放置在暂存区中,则 P_2 得到 $F(k_{1.2n+j},y)$。

另一方面,P_1 可以对任意 i 计算 $F(k_i,\cdot)$。因此,P_1 计算得到下述两个候选 PRF 的输出集合:

$$H = \{F(k_{h_i(x)},x) \mid x \in X \text{ 且 } i \in \{1,2,3\}\}$$
$$S = \{F(k_{1.2n+j},x) \mid x \in X \text{ 且 } j \in \{1,\cdots,s\}\}$$

P_1 随机打乱集合 H 和 S 中元素的位置,并将 H 和 S 发送给 P_2。P_2 可按下述方法计算得到 X 和 Y 的交集:如果 P_2 有一个被映射到暂存区中的元素 y,则 P_2 验证 S 中是否含有 y 所对应的 OPRF 输出。如果 P_2 有一个被映射到哈希箱子中的元素 y,则 P_2 验证 H 中是否含有 y 所对应的 OPRF 输出。

直观上看,此协议可以抵御半诚实 P_2 的攻击。这是因为元素 $x \in X \setminus Y$ 所对应的 PRF 输出 $F(k_i,y)$ 满足伪随机性。类似地,如果密钥具有关联性,但 PRF 的输出仍然满足伪随机性,则用 OPRF 实现关联密钥 PRF 也可以保证方案的安全性。

只要 PRF 的输出不发生碰撞(即对于 $x \neq x'$,$F(k_i,x)=F(k_{i'},x')$),此协议的计算结果就是正确的。我们必须谨慎设置协议的参数,避免 PRF 的输出发生碰撞。

用∞选 1-OT 协议构建更高效的 OPRF。根据 3.7.2 节介绍的编码思想，Kolesnikov 等人（Kolesnikov et al.，2016）为 PSI 协议构建了一个高效的 OPRF 协议。此协议最大的技术贡献点是指出编码 C 不一定要满足线性纠错编码的全部性质。用伪随机编码替换编码 C，即可构造出∞选 1-OT 协议，进而构建高效的 PSI 协议。

具体来说，

1. 协议不包含解码步骤，因此编码不需要具备有效解码能力。
2. 协议只要求对所有可能的 $r, r', C(r) \oplus C(r')$ 的汉明重量至少等于计算安全参数 κ。实际上，能概率性地满足汉明距离的要求就足够了。也就是说，选择的 C 能以压倒性的概率保证汉明距离大于等于计算安全参数 κ（我们随后讲解这里面的微妙之处）。

为方便描述，假设 C 是一个可输出适当长随机数的随机预言机。直观上看，当 C 的输出足够长时，很难为 C 找到输出接近碰撞的输入值。也就是说，很难找到 r 和 r' 值，使得 $C(r) \oplus C(r')$ 具有很小（小于计算安全常数 κ）的汉明重量。令随机函数的输出长度为 $k = 4\kappa$ 就足以让接近碰撞的概率变得可忽略（Kolesnikov et al.，2016）。

我们将满足这一条件的函数 C（在标准模型下，应该称其为函数族）称为伪随机编码（Pseudo-Random Code，PRC），这是因为此函数的编码理论性质，即最小汉明距离阈值，在密码学意义上也是成立的。

通过将 C 的要求从线性纠错编码放宽到伪随机编码，我们竟然能够移除接收方选择字符串的前置上限了！本质上，接收方可以用任意字符串作为选择字符串。发送方可以得到任何字符串 r' 所对应的秘密值 $H(\boldsymbol{q}_j \oplus [C(r') \cdot s])$。如前所述，接收方只能计算得到 $H(t_j) = H(\boldsymbol{q}_j \oplus [C(r) \cdot s])$，即选择字符串 r 所对应的秘密值。伪随机编码的性质是，有压倒性的概率满足所有（多项式时间内参与方可问询得到的）其他 $\boldsymbol{q}_j \oplus [C(\bar{r}) \cdot s]$ 的值与 t_j 均有较大的差异。接收方至少能猜测出 s 中的 κ 个比特才能得到 $\boldsymbol{q}_j \oplus [C(\bar{r}) \cdot s]$。

实际上，我们可以把上面构造的∞选 1-OT 协议看作一个 OPRF。直观上看，$r \mapsto H(q \oplus [C(r) \cdot s])$ 是一个函数，发送方可以对任意输入求对应的输出，输出结果满足伪随机性，而接收方可以求得其选择输入 r 所对应的输出。

将 ∞ 选 1-OT 协议看作 OPRF 时，需要注意下述细节：

1. 接收方得到的信息要比 "PRF" 的输出稍多一些。具体来说，接收方得到的是 $t = q \oplus [C(r) \cdot s]$，而不仅仅是 $H(t)$。

2. 协议可以实现很多 "PRF" 实例，但各实例的密钥具有关联性，即所有实例共享密钥 s 和伪随机编码 C。

Kolesnikov 等人（Kolesnikov et al.，2016）证明，可以用此 OPRF 安全地替换 PSSZ 协议中的 OPRF。在广域网环境下，可以在 7 秒内安全计算出两个包含 $n = 2^{20}$ 个元素的集合交集。

迭代计算两两集合的交集，就可以得到多个集合的交集。然而，并不能直接将上述 2PC 的 PSI 协议扩展到支持多参与方，这需要克服几个关键障碍。其中的一个障碍是，在 2PC 的 PSI 协议中，参与方可以得到两个输入集合的交集，但在多参与方下，参与方只应该得到所有集合的共同交集，必须保护两两集合的交集信息。Kolesnikov 等人（Kolesnikov et al.，2017a）提出了将上述 PSI 协议扩展为支持多个参与方的方法。

3.9　延伸阅读

我们想为读者奉献一本易于理解、令人兴奋的 MPC 导论书籍，因此我们在本书中略去了很多形式化描述和安全性证明。姚氏乱码电路协议虽然非常简单，但需要用很多证明技巧才能证明此协议的安全性。这些证明技术都在第一篇形式化证明姚氏乱码电路协议安全性的论文中得以论述（Lindell and Pinkas，2009）。Goldreich 等人（Goldreich et al.，1987）首次提出了 GMW 协议，Goldreich 等人在后续工作（Goldreich，2009）中给出了一个更清晰、更详细的 GMW 协议描述。Ben-Or 等人（Ben-Or et al.，1988）和 Chaum 等人（Chaum et al.，1988）在同一时间分别提出了 BGW 协议和 CCD 协议。Beaver 等人（Beaver et al.，1990）提出了一个常数轮 MPC

协议。Phillip Rogaway 在其博士毕业论文（Rogaway，1991）中给出了更详细的协议描述，并对协议展开了更详细的讨论。

近期，学者们基于 GESS 方案设计出了一种不需要计算机参与的可视化安全计算密码学方案（D'Arco and De Prisco，2014；D'Arco and De Prisco，2016）。Ishai 等人（Ishai et al.，2003）提出的 OT 扩展协议是 MPC 领域最关键的进展之一，有很多基于此协议的 OT 扩展协议。Kolesnikov 和 Kumaresan（Kolesnikov and Kumaresan，2013）以及 Kolesnikov 等人（Kolesnikov et al.，2016）分别提出了随机 n 选 1-OT 协议和随机 ∞ 选 1-OT 协议，协议的性能开销与 2 选 1-OT 协议非常接近。上述协议都是在半诚实攻击模型下构造的。Asharov 等人（Asharov et al.，2015b）和 Keller 等人（Keller et al.，2015）分别提出了恶意安全的 OT 扩展协议（Keller 等人的协议相对更加简单和高效）。

学者们已经在低计算开销、低通信开销、其他安全假设等多种不同的场景下对专用 PSI 协议展开了探索。Hazay 和 Lindell（Hazay and Lindell，2008）提出了一个非常简单和高效的 PSI 协议。此协议假设其中一个参与方使用可信智能卡来完成相应的计算。Kamara 等人（Kamara et al.，2014）提出了一个服务器辅助计算的 PSI 协议。在半诚实服务器辅助的情况下，此协议可以在 580 秒内对包含十亿个元素的两个集合求交集，求交过程总计需要发送 12.4GB 的数据。这是一个非对等信任的 MPC 实例，我们将在 7.2 节进一步讨论此安全模型。

学者们也研究了除 PSI 外的很多专用协议。但令人惊讶的是，面对同一个特定 MPC 问题，很少能发现与通用协议相比具有明显性能优势的专用协议。

第 4 章

实 现 技 术

　　尽管(第3章所述的)MPC协议自20世纪80年代便为人所知,但直到2004年Malkhi等人(Malkhi et al., 2004)才完整地实现了第一个通用MPC系统Fairplay。Fairplay将用高级语言编写的函数编译为一个用安全硬件描述语言(Secure Hardware Description Language,SHDL)描述的电路。随后,电路生成程序和电路求值程序将通过网络执行MPC协议。

　　我们简要介绍一下Fairplay中MPC协议的性能开销。Fairplay给出的最大性能测试基准是计算两个有序数组的中位数,这两个数组分别由两个参与方提供,每个数组包含十个16比特长的数字。此电路需要对4383个门求值,在局域网环境下的总执行时间约为7秒(大部分时间开销来自OT协议,而不是乱码电路的生成和求值过程)。当今的MPC框架每秒可以对上百万个门求值,可以支持大数据量输入,可以支持包含数十亿个门的复杂电路计算。

　　计算机计算能力的提升和网络带宽的增加可以为MPC协议带来10倍左右的性能提升量(Fairplay是在618Mbit/s局域网环境下测试的,现今局域网的带宽普遍能达到4Gbit/s),但剩下3至4个数量级的性能提升主要归功于本章介绍的实现技术。这些优化实现技术包括减少执行乱码电路协议所需的网络通信带宽和计算开销(4.1节)、优化电路生成过程(4.2节),以及协议层面的优化(4.3节)。我们重点讨论目前最流行的通用MPC协议——姚氏乱码电路协议的优化方法,不过部分优化方法也可以在其他协议中使用。4.4 节简要总结为应用 MPC 协议实现隐私保护应用程序而开发的工具和编程语言。

4.1   低开销乱码电路

执行乱码电路协议的主要开销是传输乱码门所需的网络带宽开销，以及乱码电路生成和求值过程中所需的计算开销。在典型场景中（在局域网或广域网下，用智能手机或笔记本等具有中等计算资源的设备执行协议），执行乱码电路协议的主要开销是网络带宽开销。3.1.2 节已经介绍了传统乱码电路的很多改进方案。我们在本节进一步介绍最主要的改进方案。表 4.1 总结了改进方案对网络带宽的优化程度，以及对乱码门生成和求值计算开销的优化程度。我们已经在 3.1.1 节介绍了标识置换技术，下面将在本节的后续小节中介绍其他优化技术。

表 4.1   （基于 Zahur 等人（Zahur et al.，2015）总结的）乱码电路优化技术。密文数量表示每个乱码门所需传输的"密文"大小（实际要传输的数据量等于表中结果乘以 κ 比特）。H 的调用次数表示对每个门求值时计算 H 的次数。当电路生成方和电路求值方计算 H 的次数不同时，表中数据的顺序为电路生成方的调用次数和电路求值方的调用次数。

优化技术	密文数量		H 的调用次数	
	XOR	AND	XOR	AND
经典方案	4	4	4	4
标识置换（1990）（3.1.1 节）	4	4	4，1	4，1
乱码行缩减（GRR3）（1999）（4.1.1 节）	3	3	4，1	4，1
FreeXOR＋GRR3（2008）（4.1.2 节）	0	3	0	4，1
半门（2015）（4.1.3 节）	0	2	0	4，2

4.1.1   乱码行缩减技术

Naor 等人（Naor et al.，1999）指出，乱码行缩减（Garbled Row

Reduction，GRR)是一种降低每个门密文数量的方法。这里的关键点是，乱码表中每个门的密文不一定非要是导线标签的(不可预测)加密结果。实际上，可以把乱码表中的一个密文设置为固定值(如 0^{κ})，这样就不需要传输这个密文了。例如，考虑下述乱码表，其中 a 和 b 是输入导线标签，c 是输出导线标签：

$H(a^1 \parallel b^0) \oplus c^0$
$H(a^0 \parallel b^0) \oplus c^0$
$H(a^1 \parallel b^1) \oplus c^1$
$H(a^0 \parallel b^1) \oplus c^0$

因为 c^0 和 c^1 可以为任意值，我们可以让 $c^0 = H(a^1 \parallel b^0)$。这样一来，乱码表四个密文中的一个密文(例如经过标识置换排序后的第一个密文)总为全 0 字符串，就不用发送这个密文了。我们将这种方法称为 GRR3，因为只需要为每个门传输三个密文。

Pinkas 等人(Pinkas et al.，2009)给出了一种利用多项式插值将每个门的密文数量减少到两个的方案。然而，由于此方案与下面将要介绍的 FreeXOR 技术不兼容，因此实际中一般不使用此方案。后面将要介绍的半门技术(4.1.3 节)可以让 AND 门只包含两个密文，且与 FreeXOR 技术兼容，因此半门技术取代了 Pinkas 等人(Pinkas et al.，2009)的插值技术。

4.1.2　FreeXOR 技术

Kolesnikov(Kolesnikov，2005)观察到，在 GESS 导线秘密分享方案中，XOR 门的秘密份额数量不随电路深度的增加而增加(3.6 节)。Kolesnikov(Kolesnikov，2005)给出了秘密份额数量的下界，证明独立秘密份额的数量成指数级增长是不可避免的。然而，这个下界对 XOR 门不成立(或者更广泛地讲，对"偶数"门不成立，即真值表输出包含两个 0 和两个 1 的门)。

3.6 节曾介绍，GESS 方案中为 XOR 门生成秘密份额的方法非常简单。令 $s_0, s_1 \in \mathcal{D}_S$ 表示输出导线秘密值。选择 $R \in_R \mathcal{D}_S$，并将秘密份额设置为 $sh_{10} = R, sh_{11} = s_0 \oplus s_1 \oplus R, sh_{20} = s_0 \oplus R, sh_{21} = s_1 \oplus R$。当输入为 sh_{1i}，sh_{2i} 时，直接输出 $sh_{1i} \oplus sh_{2i}$。很容易验证电路求值方可以通过这种方式重

建出正确的输出导线秘密值。举例来说，$\mathrm{sh}_{11} \oplus \mathrm{sh}_{21} = (s_0 \oplus s_1 \oplus \mathrm{R}) \oplus (s_1 \oplus \mathrm{R}) = s_0$。

令 $s_0 \oplus s_1 = \Delta$，我们可以观察到，每一条导线的导线标签偏移量均相同：$\mathrm{sh}_{10} \oplus \mathrm{sh}_{11} = \mathrm{sh}_{20} \oplus \mathrm{sh}_{21} = s_0 \oplus s_1 = \Delta$。

由于所有门导线的秘密份额都拥有相同的偏移量，因此无法将上述 XOR 门构造方法直接插入到姚氏乱码电路中，这是因为标准姚氏乱码电路要求导线标签都是独立随机选取的。如果在姚氏乱码电路中也这样设置，则会破坏姚氏乱码电路协议的正确性和安全性。之所以会破坏正确性，是因为 GESS 方案 XOR 门的输出导线秘密值是在秘密分享的过程中才生成的，而姚氏乱码电路要为预先生成好的输出导线秘密值生成乱码表。之所以会破坏安全性，是因为 GESS 方案 XOR 门所生成的秘密值具有相关性，但在姚氏乱码电路中导线标签将作为加密密钥使用，不能具有相关性。从安全性角度看，更大的问题是密钥和加密消息之间具有相关性，引入了循环（Circular）依赖性。

FreeXOR：将 GESS 方案的 XOR 门技术引入到乱码电路中。FreeXOR 是 Kolesnikov 和 Schneider(Kolesnikov and Schneider，2008b) 提出的乱码电路优化技术。GESS 方案 XOR 门的求值过程不引入任何开销（不需要乱码表，秘密份额数量不会增加），但姚氏乱码电路要为 XOR 门生成完整的乱码表，求值过程也需要解密乱码表。FreeXOR 技术将 GESS 方案的 XOR 门生成技术引入到乱码电路中，通过调整乱码电路秘密值的生成过程来解决直接引入此技术引发的正确性问题。FreeXOR 技术提出，增强生成乱码电路乱码表时所使用加密方案的安全性假设，就可以让新的方案满足安全性要求。

FreeXOR 要求生成乱码电路所有导线标签时，都要使用相同的偏移量 Δ，这样就可以将 GESS 方案的 XOR 门构造方法引入到乱码电路中。也就是说，对于乱码电路 $\hat{\mathcal{C}}$ 每一条导线 w_i 的每一对导线标签 w_i^0, w_i^1，我们要求 $w_i^0 \oplus w_i^1 = \Delta$，其中 $\Delta \in_R \{0,1\}^\kappa$ 是预先随机选取的。引入导线标签相关性即可让 XOR 门正确地重建输出导线标签。

为保证安全性，FreeXOR 不能像标准姚氏乱码电路那样使用较弱的、基于伪随机数生成器(Pseudo-Random Generator，PRG)的加密方案，而是要使用随机预言机来加密门的输出导线标签。这样做是有必要的，因为 FreeXOR 调用 H 时的输入都与 Δ 存在相关性，这使得 H 的输出也与 Δ 存在相关性。在这种情况下，PRG 的标准安全性定义不能保证 H 的输出是伪随机的，但换成随机预言机就可以了。Kolesnikov 和 Schneider 在论文中提到，使用比随机预言机模型稍弱的关联健壮性假设就足以让方案满足安全性要求(Kolesnikov and Schneider，2008b)。Choi 等人(Choi et al.，2012b)在理论层面详细论述了 FreeXOR 所需的密码学假设。他们指出，标准关联健壮性假设实际上不足以使 FreeXOR 满足安全性要求，证明 FreeXOR 的安全性要使用关联健壮性的一个特定变种假设。

图 4.1 完整地描述了 FreeXOR 乱码电路协议。FreeXOR 乱码电路协议的执行过程与图 3.2 给出的标准姚氏乱码电路协议完全一样，唯一的区别是在步骤 4 中，P_2 不需要为 XOR 门进行任何加解密处理：对于输入导线标签为 $w_a = (k_a, p_a), w_b = (k_b, p_b)$ 的 XOR 门 G_i，可以直接计算 $(k_a \oplus k_b, p_a \oplus p_b)$ 得到输出导线标签。

Kolesnikov 等人(Kolesnikov et al.，2014)对 FreeXOR 进行了进一步的扩展，提出了 fleXOR。在 fleXOR 中，可以用 0 个、1 个或 2 个密文构造 XOR 门的乱码表，具体选择哪种构造方式取决于电路结构和电路中各个门的组合关系。可以让 fleXOR 与应用在 AND 门上的 GRR2 兼容，从而支持 2 密文 AND 门。下一节介绍的半门技术比 fleXOR 更加简单，AND 门的密文数量为 2，且与 FreeXOR 完全兼容。

参数：
- 实现功能函数 $\mathcal{F}$ 的布尔电路 $\mathcal{C}$。
- 安全参数 κ。
- 令 $H: \{0,1\}^* \mapsto \{0,1\}^{\kappa+1}$ 表示一个可看成随机预言机的哈希函数。

协议：
1. 随机选择全局密钥偏移量 $\Delta \in_R \{0,1\}^\kappa$。
2. 对于 $\mathcal{C}$ 中的每一条输入导线 w_i，随机选择 0 所对应的输入导线标签，
$$w_i^0 = (k_i^0, p_i^0) \in_R \{0,1\}^{\kappa+1}$$
将另一条输入导线标签设置为 $w_i^1 = (k_i^1, p_i^1) = (k_i^0 \oplus \Delta, p_i^0 \oplus 1)$。

图 4.1 FreeXOR 乱码电路生成技术

3. 按照拓扑顺序对 $\mathcal{C}$ 的每个门执行下述步骤:

  (a)如果G_i是一个输入导线标签为$w_a^0=(k_a^0,p_a^0)$, $w_b^0=(k_b^0,p_b^0)$, $w_a^1=(k_a^1,p_a^1)$, $w_b^1=(k_b^1,p_b^1)$的 XOR 门$w_c=\text{XOR}(w_a,w_b)$:

    i. 将 0 所对应的输出导线标签设置为$w_c^0=(k_a^0\oplus k_b^0, p_a^0\oplus p_b^0)$。

    ii. 将 1 所对应的输出导线标签设置为$w_c^1=(k_a^0\oplus k_b^0\oplus\Delta, p_a^0\oplus p_b^0\oplus 1)$。

  (b)如果G_i是一个输入导线标签为$w_a^0=(k_a^0,p_a^0)$, $w_b^0=(k_b^0,p_b^0)$, $w_a^1=(k_a^1,p_a^1)$, $w_b^1=(k_b^1,p_b^1)$的 2 输入门$w_c=g_i(w_a,w_b)$:

    i. 随机选择 0 所对应的输出导线标签$w_c^0=(k_c^0,p_c^0)\in_R\{0,1\}^{\kappa+1}$。

    ii. 将 1 所对应的输出导线标签设置为$w_c^1=(k_c^1,p_c^1)=(k_c^0\oplus\Delta,p_c^0\oplus 1)$。

    iii. 创建G_i的乱码表。G_i的输入值$v_a,v_b\in\{0,1\}$共有2^2种可能的组合。对于每一种可能的组合,设置

$$e_{v_a,v_b}=H(k_a^{v_a}\parallel k_b^{v_b}\parallel i)\oplus w_c^{g_i(v_a,v_b)}$$

    按照输入标识对条目 e 排序,将条目e_{v_a,v_b}放置在位置$\langle p_a^{v_a},p_b^{v_b}\rangle$上。

4. 按照图 3.1 的方法计算输出乱码表。

图 4.1 (续)

4.1.3 半门技术

Zahur 等人(Zahur et al.,2015)提出了一种高效的乱码电路构造技术,每个 AND 门只包含两个密文,且与 FreeXOR 完全兼容。此技术的关键思想是将 AND 门表示为两个半门 XOR 结果。每个半门都是一个 AND 门,但其中一个参与方已知此 AND 门的一个输入。半门的乱码表只包含两个条目,再进一步用乱码行缩减(GRR3)技术将乱码表的密文数量降低到一个。应用半门(Half Gates)实现一个 AND 门需要构造一个电路生成方半门(电路生成方已知此半门的其中一个输入)和一个电路求值方半门(电路求值方已知此半门的其中一个输入)。我们接下来描述半门的构造方法,并讲解如何将半门组合起来实现一个 AND 门。

电路生成方半门。首先,考虑一个输入导线为 a 和 b、输出导线为 c 的 AND 门。电路生成方 AND 半门要计算 $v_c=v_a\wedge v_b$,其中电路生成方已知 v_a。如果 $v_a=0$,电路生成方不需要考虑 v_b 即可知道 v_c 必为 0;如果 $v_a=1$,则 $v_c=v_b$。我们用 a^0,b^0 和 c^0 分别表示导线 a、b 和 c 中 0 所对应的导

线标签。应用 FreeXOR，可知 b 的导线标签为 b^0 或者为 $b^1 = b^0 \oplus \Delta$。电路生成方计算得到两个密文：

$$H(b^0) \oplus c^0$$

$$H(b^1) \oplus c^0 \oplus v_a \cdot \Delta$$

应用标识置换优化技术，根据 b^0 的标识比特在乱码表中设置好两个密文的位置。

为了对半门求值并得到 $v_a \wedge v_b$，电路求值方计算 b（等于 b^0 或 b^1）的哈希值，解密对应的密文。如果电路求值方拥有 b^0，则计算 $H(b^0)$ 并将结果与第一个密文求异或，得到 c^0（导线值 0 对应的正确导线标签）。如果电路求值方拥有 $b^1 = b^0 \oplus \Delta$，则计算 $H(b^1)$ 并得到 $c^0 \oplus v_a \cdot \Delta$。如果 $v_a = 0$，得到的就是 c^0；如果 $v_a = 1$，得到的就是 $c^1 = c^0 \oplus \Delta$。直观来看，电路求值方永远无法同时得到 b^0 和 b^1，因此非激活标签对电路求值方来说是完全随机的。Kolesnikov 和 Schneider 在论文（Kolesnikov and Schneider，2008b）图 2 中构造通用电路的编程组件时也无意中用到了这一思想。

可以用乱码行缩减技术（4.1.1 节），通过适当设置 c^0 将两个密文进一步缩减为一个密文，这将大幅降低协议的通信开销。

电路求值方半门。 电路求值方半门要计算的是 $v_c = v_a \wedge v_b$，其中电路求值方已知 v_a，电路生成方不知道此半门的任何一个输入。因此，电路求值方根据导线 a 的明文值应用不同的方法对半门求值。电路生成方提供两个密文：

$$H(a^0) \oplus c^0$$

$$H(a^1) \oplus c^0 \oplus b^0$$

由于电路求值方已知 v_a，因此不需要（也不能）在乱码表中打乱密文的顺序。如果 $v_a = 0$，电路求值方知道其拥有的是 a^0，因此计算 $H(a^0)$ 并得到输出导线标签 c^0。如果 $v_a = 1$，电路求值方知道其拥有的是 a^1，因此计算 $H(a^1)$ 并得到 $c^0 \oplus b^0$。电路求值方随后再对结果和导线标签 b 求异或，从而在不知道 b 或 c 明文值的条件下得到 c^0（当 $b = b^0$）或 $c^1 = c^0 \oplus \Delta$（当 $b = b^1 = b^0 \oplus \Delta$）。与电路生成方半门类似，乱码行缩减技术（4.1.1 节）可将两个密文进一步缩减为一个密文。在这种情况下，电路求值方只需要令 $c^0 = H(a^0)$（让第一个密文为全 0），向电路生成方发送第二个密文。

合并半门。剩下要做的就是在乱码电路中把两个半门组合起来，使两个参与方都不知道明文值的条件下对门 $v_c = v_a \wedge v_b$ 求值。这里要用到的技巧是电路生成方生成一个完全随机的比特 r，并用 r 将原始 AND 门拆分为两个半门：

$$v_c = (v_a \wedge r) \oplus (v_a \wedge (r \oplus v_b))$$

由于上式可用乘法分配律合并为 $v_a \wedge (r \oplus r \oplus v_b)$，因此上式等价于 $v_a \wedge v_b$。可以用电路生成方半门构造出第一个 AND 门 $(v_a \wedge r)$。可以用电路求值方半门构造出第二个 AND 门，但前提是电路生成方要向电路求值方披露 $r \oplus v_b$。由于 r 是完全随机的，且电路求值方不知道 r 的值，因此向电路求值方披露 $r \oplus v_b$ 不会泄漏任何敏感信息。电路生成方不知道 v_b，但可以通过下述方法在不引入任何额外开销的条件下将 $r \oplus v_b$ 传递给电路求值方。电路生成方将 r 设置为导线 b 中 0 所对应导线标签的标识比特 p_b^0。由于标识比特 p_b^0 本身就是随机选择得到的，因此电路求值方可以在不知道 v_b 的条件下直接从导线 b 激活标签上的标识比特 $p_b^{v_b}$ 中得到 $r \oplus v_b$ [⊖]。

由于 FreeXOR 不需要为 XOR 门生成或发送任何乱码表，因此我们只需要两个密文、调用两次 H、执行两次"免费"的 XOR 操作，即可完成对 AND 门的求值。Zahur 等人（Zahur et al.，2015）证明，只要生成导线标签时所用的 H 满足关联健壮性假设，则半门技术就是可证明安全的。在包括低延时局域网在内的任何场景下，网络带宽引入的性能开销远远大于加密引入的性能开销（下一节将介绍如何在乱码电路方案中高效计算 H），因此半门技术优于任何已知的乱码电路方案。Zahur 等人（Zahur et al.，2015）证明，在任何"线性"类乱码电路方案中[⊖]，门所需的密文数量都不可能少于两个。因此在"线性"假设下，对于任何由 2-输入布尔门组成的电路，半门方案都是网络带宽最优方案（请参阅 4.5 节，了解此假设外替代方案的研究进展）。

⊖ 结合图 4.1 的描述，当 $v_b = 0$ 时，电路求值方可获得激活标签 $w_b^0 = (k_b^0, p_b^0)$，由于 $p_b^0 = r = r \oplus 0 = r \oplus v_b$，因此有 $r \oplus v_b = p_b^0$；当 $v_b = 1$ 时，电路求值方可获得激活标签 $w_b^1 = (k_b^1, p_b^1)$，由于 $p_b^1 = p_b^0 \oplus 1 = r \oplus v_b$，因此有 $r \oplus v_b = p_b^1$。——译者注

⊖ Zahur 等人（Zahur et al.，2015）在论文中给出了"线性"类乱码电路的精确定义。简单来说，只要乱码电路方案调用随机预言机，且生成导线标签/乱码门信息/预言机输出所需的运算量与标准标识置换技术中所用的标识比特数量呈线性关系，则半门方案是最优方案。

4.1.4　降低乱码电路的计算开销

在大多数应用场景中，乱码电路协议的主要开销都来自网络带宽。然而，乱码电路涉及的计算开销也很大，主要来自生成门乱码表时调用实现随机预言 H 的加密函数。我们在 3.1.2 节已经介绍了加密函数的具体使用方法。为此，学者们提出了很多降低计算开销的方法，大部分方法都利用了现代计算机处理器中内置的密码学运算操作来为加密函数提速。

自 2010 年起，英特尔公司的 CPU 核就包含了专门用于实现高级加密标准（Advanced Encryption Standard，AES）加密的 AES 本地指令（AES-Native Instruction，AES-NI），其他厂商的大多数处理器也包含了类似的指令。此外，一旦设置好 AES 密钥（此操作涉及 AES 轮密钥生成操作），AES 的加密速度就会特别快。这一结果促使 Bellare 等人（Bellare et al.，2013）提出了固定密钥 AES 乱码电路方案。此方案应用借助固定密钥 AES 构造的密码学置换操作来实现 H。

Bellare 等人（Bellare et al.，2012）的方案设计基于双密钥（Dual-Key）密码，即需要使用两个密钥来解密一个密文。Bellare 等人（Bellare et al.，2012）描述了如何使用单个固定密钥 AES 操作构建安全的双密钥密码，安全性所依赖的假设为：固定密钥 AES 是一个有效的随机置换。由于随机置换是可逆的，因此有必要将置换和密钥组合在一起使用，组合方法是使用 Davies-Meyer 构造（Winternitz，1984）：$\rho(K) = \pi(K) \oplus K$。Bellare 等人（Bellare et al.，2013）研究了通过固定密钥置换构造安全乱码函数的所有方法，发现最快的乱码函数是 $\pi(K \parallel T)[1:k] \oplus K \oplus X$，其中 $K \leftarrow 2A \oplus 4B$，$A$ 和 B 是输入导线标签，T 是置换标识，X 是输出导线标签。

Gueron 等人（Gueron et al.，2015）指出，固定密钥 AES 是随机置换的这个假设是非标准假设，在实际使用中可能存在问题（Biryukov et al.，2009；Knudsen and Rijmen，2007）。他们提出了一种快速乱码方案，方案的安全性基于标准假设：AES 是一个 PRF。他们特别指出，在处理器中通过流水线谨慎调度 AES 轮密钥生成过程即可获得固定密钥 AES 的大多数性能优势。

还需注意，FreeXOR 技术所依赖的假设也比标准假设强（Choi et al.，
2012b），而半门技术又依赖于 FreeXOR。Gueron 等人（Gueron et al.，
2015）提出了一种替代 FreeXOR 的乱码电路方案。此方案的安全性仅依赖
标准假设，但要求每个 XOR 门包含一个密文。此外，他们的方案与两密文
AND 门方案兼容（相应 AND 门方案不能依赖于 FreeXOR，因此半门技术与
此方案不兼容）。由于要为每个 XOR 门传输一个密文，因此这一方案的实
际开销比半门方案要高。但他们在论文中证明，有可能仅基于标准假设构
造出高效（性能开销大约是半门方案的两倍）的乱码电路方案。

4.2   优化电路

基于电路的 MPC 协议，其主要性能开销与电路的规模呈线性关系，
因此任何能减小电路规模的方法都会对协议的性能开销产生直接影响。许
多项目都在寻找减小 MPC 电路规模的方法。我们在这里讨论其中的几个
例子。

4.2.1   人工设计

部分项目通过人工设计电路的方式使 MPC 的开销达到最低（Kolesnikov
and Schneider，2008b；Kolesnikov et al.，2009；Pinkas et al.，2009；
Sadeghi et al.，2009；Huang et al.，2011b；Huang et al.，2012a）。此种
方法主要聚焦于在 FreeXOR 的基础上降低非免费门的数量。人工电路设计
可以找到自动化工具无法找到的优化点，但由于人工电路设计费时费力，
因此只能为广泛使用的电路进行人工设计。我们接下来将讨论一个演示实
例。类似的方法也被用在专门为 MPC 设计的电路组件上，如多路选择器、
加法器以及像 AES 这样更复杂的电路（Pinkas et al.，2009；Huang et al.，
2011b；Damgård et al.，2012a）。

不经意置换。应用不经意置换重排数组中的元素顺序是 PSI（Private
Set Intersection）（Huang et al.，2012a）、平方根 ORAM（5.4 节）等很多隐

私保护算法的重要构造模块。不经意置换的基础组件是条件交换器（Conditional Swapper），也被称为 X 交换模块，很多其他算法也把条件交换器作为基础构造模块。条件交换器由 Kolesnikov 和 Schneider 提出（Kolesnikov and Schneider，2008b；Kolesnikov and Schneider，2008a），此模块包含两个输入 a_1,a_2，产生两个输出 b_1,b_2。根据交换比特 p 的值，输出匹配输入的顺序（$b_1=a_1$、$b_2=a_2$）或者交换输入的顺序（$b_1=a_2$、$b_2=a_1$）。电路生成方已知交换比特 p，但不能将交换比特披露给电路求值方。Kolesnikov 和 Schneider（Kolesnikov and Schneider，2008b）提出了条件交换器的一种设计方法，此方法充分利用了 FreeXOR 的性质，只需要一个包含两个密文的乱码表即可实现条件交换器的功能（可以用 4.1.1 节介绍的乱码行缩减技术将密文数量降低到一个）。条件交换器的实现方法为：

$$b_1 = a_1 \oplus (p \wedge (a_1 \oplus a_2))$$
$$b_2 = a_2 \oplus (p \wedge (a_1 \oplus a_2))$$
(4.1)

　　条件交换器电路如图 4.2 所示。如果不需要交换输入的位置，则模块 $f=0$；如果需要交换输入的位置，则模块 $f=1$。将输入 a_1，a_2 与交换比特 p 用 AND 门连接起来，即可得到模块 f，因此图 4.2 对应于等式（4.1）[一]。

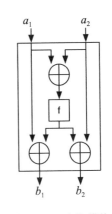

图 4.2　X 交换模块

　　由于 $p \wedge (a_1 \oplus a_2)$ 的输出导线标签可以被复用，因此只需要对 $p \wedge (a_1 \oplus a_2)$ 求值一次。结合 4.1.3 节介绍的半门技术，当电路生成方已知 p 时，此连接组件就是一个电路生成方半门。如前所述，可以用 GRR3 将半门的密文数量降低到一个[二]。应用上述条件交换器，电路生成方只需要选择一个随机置换模块，按照 Waksman 网络（Waksman，1968）配置条件交换器，即可实现随机不经意置换（Huang et al.，2012a）。Kolesnikov 和 Schneider（Kolesnikov and Schneider，2008a）提

　　[一]　模块 f 实现的运算为 $f=p \wedge (a_1 \oplus a_2)$。——译者注
　　[二]　实际上，半门技术（4.1.3 节）是在 Kolesnikov 和 Schneider（Kolesnikov and Schneider，2008b）的 X 交换模块的启发下设计出来的。

出了包括截断置换模块在内的多个置换模块设计方法。

低深度电路：GMW 的优化方法。本章大部分的内容都聚焦于姚氏乱码电路。姚氏乱码电路协议只需要一轮通信，执行开销与电路的规模呈线性关系。虽然大多数基于电路的优化方法也适用于其他协议，但在为其他协议设计电路时需要进一步结合协议本身的特点。特别地，在 GMW 协议（3.2 节）中，对每个 AND 门求值都需要执行一次 OT 协议，需要一轮通信。电路同一层的 AND 门可以在一轮通信中并行执行。因此，姚氏乱码电路的执行开销与电路深度无关，但 GMW 协议的执行开销很大程度上取决于电路的深度。

Choi 等人（Choi et al.，2012a）构建了一个高效 GMW 协议的实现方法。此方法应用 OT 协议预计算技术（Beaver，1995）将在线计算变为简单的 XOR 运算，并应用 OT 扩展协议（3.7.2 节）降低了 OT 协议的总开销。然而，对每层 AND 门求值时仍然需要一轮通信（通信两条消息），因此电路执行时间仍然与电路深度相关。Schneider 和 Zohner（Schneider and Zohner，2013）进一步优化了 GMW 协议中使用的 OT 协议，并为多个特定问题设计了低深度电路。由于 GMW 协议支持 FreeXOR，因此电路的有效深度等于电路中任意路径上 AND 门的最大数量。Schneider 和 Zohner（Schneider and Zohner，2013）为加法、平方、比较、汉明距离计算等函数专门设计了低深度电路实现，并借鉴 Sharemind（Bogdanov et al.，2008）的方法，应用单指令多数据（Single-Instruction Multiple Data，SIMD）这一 CPU 指令打包多比特操作。所构造出的 GMW 协议在低延时网络下的执行效率比姚氏乱码电路协议的执行效率高得多。

4.2.2   自动化工具

布尔电路最早可以追溯到计算机刚诞生的时代（Shannon，1938）。因为布尔电路在计算中占据核心地位（例如，布尔电路是硬件组件的核心计算模块），所以人们开发出了很多用于生成高效布尔电路的工具。部分工具输出的布尔电路适用于基于电路的 MPC。

CBMC-GC。Holzer 等人（Holzer et al.，2012）以模型检验（Model

Checking)工具为基础实现了一个可将 C 语言程序编译成布尔电路的工具，并将此工具应用到乱码电路协议中。CBMC(Clarke et al.，2004)是一个有界模型检验器，用于验证用 ANSI C 编写的程序是否满足给定的性质。CBMC 的工作原理是先将输入程序(包括用断言语句描述的待检验性质)转换为布尔表达式，再应用 SAT 求解器检验布尔表达式的求值结果是否可以为 1。CBMC 在布尔电路层面上执行运算，因此 CBMC 生成的布尔表达式在布尔电路层面上与程序的功能完全一致。当作为模型检验器使用时，CBMC 尝试找到与输入程序相对应的、满足布尔表达式的程序赋值[⊖]。如果能找到满足要求的程序赋值，则意味着程序中存在一个不满足断言的程序执行路径。CBMC 会在给定的模型检验边界中展开循环语句和内联递归函数，从而在程序中删除环状结构。CBMC 可以静态确定大多数程序的最大循环迭代次数。如果不能静态确定，程序员可以使用注释显式声明最大循环迭代次数。CBMC 会在展开过程中插入一个断言，如果展开程度不够，则会违反此断言，程序报错。程序中的变量将被替换为适当大小的比特向量，程序被转换为静态单赋值形式。这样一来，如果对给定的变量多次赋值，则会引入新的变量，而不是更新原始的变量。

　　CBMC 通常会将一个程序转换为布尔表达式，但程序在 CBMC 内部会以电路的形式存在。因此，可以用 CBMC 作为乱码电路编译器中的组件，把用 C 语言编写的程序翻译成一个布尔电路。为构建 CBMC-GC，Holzer 等人(Holzer et al.，2012)对 CBMC 进行了修改，使 CBMC 输出一个布尔电路，后续可以通过基于电路的 MPC 框架执行此电路(例如，CBMC-GC 使用的是 Huang 等人(Huang et al.，2011b)的框架)。由于 CBMC 最初的设计目的是优化 SAT 求解器的电路布尔表达式，因此需要对 CBMC 进行修改，使其生成一个便于乱码电路协议执行的电路。特别地，由于存在 FreeXOR 技术，乱码电路协议中应该尽可能包含 XOR 门(但在模型检验中 AND 门的开销更小，应尽可能包含 AND 门)。为尽可能减少非免费门的数

⊖　实际上，CBMC 尝试找到的是与输入程序相对应的、不满足布尔表达式的程序输入。换句话说，假定程序为 P，则 CBMC 尝试找到满足 $\rightarrow P$ 的程序输入，参见文档 https://www. cprover. org/cbmc/doc/cbmc-slides. pdf 第 35 页的描述。——译者注

量，Holzer 等人（Holzer et al.，2012）将 CBMC 中实现加法和比较的内置电路替换为尽可能包含免费 XOR 门的电路。

TinyGarble。为 MPC 协议生成电路的另一种方法是使用硬件电路综合工具，这方面的研究已经有数十年的历史。硬件描述语言（Hardware Description Language，HDL）逻辑综合工具可以将用高级语言描述的算法转换为布尔电路，典型高级语言包括软件编程语言，或者如 Verilog 等为代表的通用 HDL 语言。逻辑综合工具对电路进行优化，最大限度地降低电路的规模和执行开销，最终输出网络连线表（Netlist），即将电路直白地描述成一个逻辑门列表，且列表中各个逻辑门的输入和输出相互连接。

然而，传统硬件逻辑综合工具无法生成适用于 MPC 协议的电路，因为生成的电路可能存在环路，且相应的优化设计也没有考虑 MPC 协议的特有性质（特别地，传统硬件逻辑综合工具仅考虑用硬件实现逻辑门时对应的性能开销）。Songhori 等人（Songhori et al.，2015）解决了相应的问题，并提出了 TinyGarble 工具，使逻辑综合工具可为 MPC 协议（特别是姚氏乱码电路协议）生成对应的电路。

TinyGarble 的方法是在乱码电路中使用时序逻辑。在组合电路中，每个门的输出只取决于输入，不支持环路。与之相比，时序电路在支持组合电路连接方式的基础上，还允许电路本身存在状态信息。在硬件中，可以把电路状态存储在存储器（如触发器）中，状态随时钟更新。在执行（生成和发送）乱码电路时，TinyGarble 不需要展开时序电路，而是把电路状态作为电路的额外输入，每次迭代时根据电路状态生成新的乱码门。这意味着即使在执行大型电路时，此种电路的表示方法也是紧凑的。同时，由于可以将电路存储在处理器缓存中，避免高开销的随机存取器访问过程，这样表示电路可以进一步提高电路的执行效率。这一方法通过少量增加乱码门的数量来降低电路表示的大小。

此外，TinyGarble 使用自定义逻辑综合库，使逻辑综合工具可以为 MPC 生成低开销的电路。自定义逻辑综合库中包含了之前为多路选择器等通用操作而人工设计出的电路（4.2.1 节）。逻辑综合工具的另一个输入是一个工艺库（Technology Library）。此工艺库描述了当前平台上所有可用的逻辑单元，以及相应的执行开销和约束条件。逻辑综合工具借助工艺库的帮助将一个结构化电路映射为门级网络连线表。为生成充分利用 FreeXOR 特性的电路，为 TinyGarble 开发的自定义库将 XOR 门所占的面积设置为 0，而其他门所占的面积反映了门所需的密文数量。当将逻辑综合工具配置为生成使电路面积最小化的电路时，逻辑综合工具就可以生成非 XOR 门数量最少的电路了。

Songhori 等人（Songhori et al.，2015）指出，与之前自动生成的电路相比，同样是实现 1024 比特乘法，TinyGarble 生成电路的非 XOR 门数量降低了 67%。当考虑实现如无内部互锁流水级微处理器（Microprocessor without Interlocked Pipelined Stages，MIPS）等其他功能函数时，与之前的工作相比，TinyGarble 生成的电路也能有一定的性能改进（例如，合成实现 MIPS 功能函数的电路时，与直接用基础模块组装出的电路相比，TinyGarble 生成的电路中非 XOR 门的数量减少了约 15%）。

4.3　协议执行

自 Fairplay（Malkhi et al.，2004）开始的早期乱码电路执行框架需要生成和存储整个乱码电路，这是限制早期框架得到大规模应用的最大障碍。早期，学者们重点关注小型乱码电路的执行性能，开发出的自动化工具会直接生成和存储整个乱码电路。除了非常简单的电路之外，大多数电路在执行过程中都需要占用大量的内存。这限制了 MPC 协议的输入大小，支持的函数也不能过于复杂。本节将讨论 MPC 协议执行过程的改进方案。这些改进方案解决了电路规模受限的问题，并减小了电路执行过程中的大量开销。

流水线执行。Huang 等人（Huang et al.，2011b）提出了乱码电路流水线（Garbled Circuit Pipelining）技术，使参与方不再需要存储整个乱码电路。电路的生成和求值阶段是交错进行的，不再需要生成并发送完整的乱码电路。在电路开始执行之前，电路生成方和电路求值方初始化电路结构。由于可以复用电路结构中的组件，且电路结构用正常的非乱码门表示，不需要使用不可复用的乱码门，因此电路结构相比整个乱码电路来说要小得多。

为执行协议，电路生成方按照电路拓扑结构所决定的顺序生成乱码门，每生成一个乱码表就将其传输给电路求值方。当接收到乱码表时，电路求值方把接收到的乱码表与相应的电路门关联起来。由于电路结构在电路执行之前已经被确定好（且电路结构不依赖于参与方的私有输入），因此维持两个参与方的信息同步并不需要引入额外的开销。在对电路求值时，电路求值方维护当前求值过程所需的导线标签，在所有输入就绪后即对接收到的门求值。这一方法允许参与方将电路结构存储起来，即使电路已经完成求值，电路结构也可以被复用。这大大减少了协议的内存占用量，并大幅度提高了性能。

压缩电路。有了乱码电路流水线技术，我们不再需要存储整个乱码电路，但仍然需要实例化整个电路结构。我们在 4.2.2 节提到的时序电路是解决此问题的一种方法。时序电路允许复用电路结构，但生成时序电路需要特定的逻辑综合方法，且需要一些额外的开销来维持时序电路的状态。Kreuter 等人（Kreuter et al. ，2013）提出了另一种方法，利用支持有界循环的电路表示方法来逐步生成电路。结构电路采用便携式电路格式（Portable Circuit Format，PCF）进行紧凑编码。电路编译器生成用 PCF 格式描述的电路，协议执行时逐步解析电路。电路编译器的输入是由 LCC 前端编译器（Fraser and Hanson，1995）输出的堆栈机字节码，这样就允许系统为不同的高级程序生成 MPC 协议[⊖]。将 MPC 协议要执行的程序表示为堆栈机字节码，输入到电路编译器，电路编译器将输出紧凑电路编码。随后，将该紧凑电路编码输入到解释器中，以执行姚氏乱码电路的电路生成方和电路求值方协议。当然，可以把紧凑电路编码输入到其他解释器中，以执行其他基于电路的 MPC 协议。

PCF 之所以能做到可扩展，关键在于 PCF 不需要展开循环语句，而是让每个参与方在本地维护循环计数器，通过重用相同的电路结构来对循环语句求值。因此，每次执行循环时可以按需计算新的乱码表，但电路的大

⊖ 因为任何程序都可以用字节码描述，因此只要电路编译器支持字节码输入，理论上就可以为所有程序生成对应的 MPC 协议。——译者注

小和所占用的内存不会随迭代次数的增加而增加。PCF 用字节码表示布尔电路，电路的每个输入都是单比特，所有操作均为简单的布尔门。PCF 还提供了其他的操作，如复制导线值、执行函数调用（带有返回栈）、以及间接跳转（仅支持前向间接跳转）。不涉及执行布尔运算符的指令不需要任何协议操作，因此各参与方可以在本地实现相应的指令操作。为支持 MPC，乱码导线值由未知量表示，这些未知量不能用在条件分支语句的条件判断中。PCF 编译器实现了一些降低电路开销的优化方法，电路可以扩展到包含数十亿个门（例如，可以实现计算 1024 比特 RSA 算法的电路。此电路包含 150 亿个非免费门，总计包含 420 亿个门）。

混合协议。虽然像姚氏乱码电路和 GMW 这样的通用 MPC 协议可以对任何功能函数求值，但通常更高效的方法是实现特定的功能函数。例如，加同态加密方案（包括 Paillier 方案（Paillier，1999）以及 Damgård-Jurik 方案（Damgård and Jurik，2001））实现大规模加法操作时可以比布尔电路更高效。

使用同态加密计算函数的方法与使用通用 MPC 协议联合计算函数的方法有所不同。P_1 对自己的输入加密，将加密结果发送给 P_2。P_2 随后利用密文的同态性在密文状态下计算函数，并将计算得到的加密结果返回给 P_1。除非同态计算的输出就是 MPC 的最终输出结果，否则此时 P_1 不能直接披露计算结果的明文值。Kolesnikov 等人（Kolesnikov et al.，2010；Kolesnikov et al.，2013）提出了一种将同态密文转换为乱码电路值的通用转换机制。对密文进行同态运算的参与方 P_2 在把计算结果发送给 P_1 解密之前，要在同态加密的输出 Enc(x) 上增加一个随机掩码 r。P_1 接收到的密文是 Enc($x+r$)，P_1 可以解密得到 $x+r$。为通过乱码电路计算得到 x，P_1 向乱码电路提供输入 $x+r$，而 P_2 向乱码电路提供输入 r。乱码电路执行减法运算，消去随机掩码，得到 x 所对应的输出导线标签。部分研究成果已经将同态加密与通用 MPC 协议结合起来，为特定计算任务构造专用协议（Brickell et al.，2007；Huang et al.，2011c；Nikolaenko et al.，2013a；Nikolaenko et al.，2013b）。

TASTY 编译器（Henecka et al.，2010）提供了一种同时支持用同态加密和乱码电路描述协议的语言。TASTY 编译器将高级编程语言描述的计算任务编译为组合使用乱码电路和同态加密的协议。Demmler 等人（Demmler et al.，2015）提出的 ABY（即算术电路英文 Arithmetic Circuit、布尔电路英文 Boolean Circuit、姚氏乱码电路英文 Yao's Garbled Circuit 的首字母）框架支持姚氏乱码电路协议和两种基于秘密分享的电路协议：基于 Beaver 乘法三元组的算术秘密分享协议（3.4 节）和基于 GMW 的布尔秘密分享协议（3.2 节）。ABY 提供了三种 MPC 协议之间的高效转换方法，可以组合使用这三种协议完成函数的计算。Kerschbaum 等人（Kerschbaum et al.，2014）构造了一个自动化工具，在 MPC 中为不同运算选择出性能最优的协议。

外包 MPC。虽然可以在如智能手机等低功耗设备上直接运行 MPC 协议，但由于 MPC 的网络带宽开销较大，移动设备无法持续支撑高网络带宽的数据传输，因此最好可以将移动设备上的 MPC 协议执行过程外包出去，从而在满足安全性要求的条件下最小化终端用户的资源消耗。部分方案允许将乱码电路执行过程中的大部分计算和通信任务转移到不可信服务器上，如 Salus（Kamara et al.，2012）和 Jakobsen 等人（Jakobsen et al.，2016）提出的方案。

这里我们主要关注 Carter 等人（Carter et al.，2016）提出的方案（此方案最早在 2013 年发布（Carter et al.，2013））。此方案针对的场景是，移动手机用户希望将 MPC 协议的执行过程外包给云服务商。MPC 的另一个参与方是一个具有高网络带宽和计算资源的服务器。因此，方案的主要目标是让 MPC 的大部分执行过程发生在服务器与云服务商之间，而不是发生在服务器与移动手机客户端之间。云服务商可能是恶意攻击者，但我们假定云服务商不会与其他参与方共谋。我们要求计算过程不会向云服务商泄漏安全求值函数输入和输出的任何信息。Kamara 等人（Kamara et al.，2012）形式化描述了不合谋云的安全定义。Carter 等人的协议（Carter et al.，2016）满足恶意安全性，综合使用了多种 MPC 技术，部分技术将在 6.1 节介绍。为了以较少的资源消耗从客户端获取输入，协议使用了外包 OT 协议。为了让输出满足隐私性要求，协议在原始电路中增加了盲化电路，该盲化电路使用一个只有客户端和服务器已知的随机掩码来加密输出结果。将大量乱码电路的执行开销转移到云服务商后，可以显著降低移动设备的执行开销。

4.4　编程工具

我们现今已经拥有了很多编程工具，方便我们应用 MPC 构建隐私保护应用程序。这些工具支持的编程语言、输入程序与电路的结合方式、输出结果的表示方法、所支持的协议类型各不相同。表 4.2 简单总结了各个编程工具的特点。我们在这里不打算为 MPC 编程工具提供一个全面的综述性介绍，而是简要介绍一个 MPC 编程框架实例。

表 4.2　可供选择的 MPC 编程工具。我们在此表格中主要关注最近提出的、正在积极开发的或性能相对更优的编程工具。Frigate 的 DUPLO 扩展协议来自论文 (Kolesnikov et al.，2017b)。表格中所列举的全部工具都是开源的：ABY 在 https://github.com/encryptogroup/ABY；EMP 在 https://github.com/emp-toolkit；Frigate 在 https://bitbucket.org/bmood/frigaterelease；Obliv-C 在 https://oblivc.org；PICCO 在 https://github.com/PICCO-Team/picco

工具/输入编程语言	输出程序/执行方式	支持的协议
ABY/专用底层语言 (Demmler et al.，2015)	通过虚拟机执行协议	算术和布尔秘密分享、姚氏乱码电路(4.3 节)
EMP/C++库 (Wang et al.，2017a)	编译成可执行程序	可认证乱码电路(6.7 节)以及其他协议
Frigate/类 C 专用语言 (Mood et al.，2016)	解释成压缩布尔电路	姚氏乱码电路、DUPLO 使协议满足恶意安全性
Obliv-C/C＋扩展库 (Zahur and Evans，2015)	源代码到源代码 (C 语言)	姚氏乱码电路、对偶执行(7.6 节)
PICCO/C＋扩展库 (Zhang et al.，2013)	源代码到源代码 (C 语言)	3+参与方秘密分享

Obliv-C。Obliv-C 语言是 C 语言的严格扩展，它支持 C 语言的全部特性，通过引入新的数据类型和控制结构来让开发人员编写使用 MPC 协议实现的安全计算程序。Obliv-C 旨在为开发人员提供编程语言层面的高级

抽象，开发人员可以通过编程语言描述计算过程中需要保护的数据。这允许开发人员不需要深入到电路级的开发工作中，即可借助函数库实现安全计算程序。

在 Obliv-C 中，用 obliv 类型修饰符声明的数据在程序执行过程中要满足不经意性。这些数据在协议执行期间以加密形式表示，程序执行过程不依赖于这些数据的明文值。将秘密数据转换为明文值的唯一方法是显式调用 reveal 函数。当两个参与方对同一个变量调用 reveal 函数时，协议将在执行过程中对此变量解密，使程序可以获得明文值。

由于协议在执行过程中无法获得不经意数据的明文值，因此程序的控制流不能依赖于不经意数据。Obliv-C 提供了不经意控制流结构。例如，考虑下述语句，其中 x 和 y 是 obliv 变量：

obliv if (x > y) x = y;

由于在协议执行过程中程序也无法知道 x>y 条件的真实值，因此程序始终无法知道是否应该执行赋值语句。因此，一个不经意条件语句的上下文必须使用"多路选择器"电路，该电路根据 MPC 的比较结果判断是否执行后续语句。MPC 协议要正确实现条件判断语句，确保只在满足不经意条件语句的程序分支上更新变量的明文值。由于在 MPC 中所有类似的变量都经过了加密处理，因此执行协议的程序（或审查协议执行过程的分析人员）无法确定实际的执行路径。

在不经意条件分支中更新明文值 z 不会泄漏任何信息，但由于无论是否满足不经意条件明文值都会被更新，因此这样的程序会出现意想不到的结果。当在条件上下文中更新非 obliv 值时，Obliv-C 的类型系统可以防止开发人员犯此类错误。请注意，由于 MPC 协议在运行时已经为 obliv 值提供了强制性安全保护，因此类型检查本身不会进一步提高安全性，只会在发现无意义代码时报编译错误，帮助开发人员避免犯错。

然而，如果想实现底层库或对底层库进行优化，最好为部分开发人员解除类型系统的限制。Obliv-C 提供了一个无条件块结构。无条件块结构中包含无条件执行的代码，这段代码虽然包含不经意上下文，但代码可以无条件执行。图 4.3 展示了如何在 Obliv-C 中使用无条件块（用～obliv（var）

关键词标识)实现不经意数据结构。这个例子使用 struct 实现了一个可动态调整大小的数组。数组中存储的元素 *arr 是不经意变量，数组当前长度 sz 也是不经意变量，并通过变量 maxsz 为数组指定最大长度。虽然数组的当前长度是未知的(因为我们可能会在 obliv if 语句中调用 append()，但我们仍然可以使用一个无条件块来追踪数组长度的上限。必要时，我们要根据变量 sz 是否大于变量 maxsz 来判断是否要为新插入的元素分配内存空间。

```
typedef struct {
    obliv int *arr;
    obliv int sz;
    int maxsz;
} Resizeable;

void writeArray(Resizeable *r, obliv int index, obliv int val) obliv;

// obliv function, may be called from inside oblivious conditional context
void append(Resizable *r, obliv int val) obliv {
    ~obliv(_c) {
        r→arr = reallocateMem(r→arr, r→maxsz + 1);
        r→maxsz++;
    }
    writeArray(r, r→sz, val);
    r→sz++;
}
```

图 4.3　无条件块的使用例子(摘自 Zahur 和 Evans 的论文(Zahur and Evans，2015))

这个简单的例子说明了如何使用 Obliv-C、而不用在电路层面实现复杂的不经意数据结构，并对数据结构进行优化。可以用 Obliv-C 实现支持包括平方根 ORAM(5.4 节)、Floram(5.5 节)等随机存取内存在内的不经意数据结构。也可以用 Obliv-C 实现大型通用 MPC 应用程序，包括支持全国住院医师数量级的稳定匹配(Doerner et al.，2016)、加密邮件垃圾检查器(Gupta et al.，2017)以及商用 MPC 电子表格(Calctopia，Inc.，2017)。

4.5　延伸阅读

除了在 4.1 节中介绍的方法之外，还有很多乱码电路的改进方法。正如在4.1.3节提到的，半门方案在特定假设下是网络带宽开销最低的方案。学者们已经探索了几种弱化假设来减小网络带宽开销的方法，如在最优性证明过程中让乱码电路方案不严格满足"线性"要求（Kempka et al.，2016）、使用多扇入门（Ball et al.，2016）、使用更大的查找表（Dessouky et al.，2017；Kennedy et al.，2017）。MPC协议本质上是可并行化的，但经过进一步的努力，可以设计出优化电路，最大化协议的并行执行能力（Buescher and Katzenbeisser，2015）。GPU可以进一步为MPC提速（Husted et al.，2013）。

学者们也开发出了很多其他的MPC编程工具。Wysteria（Rastogi et al.，2014）提供了一个类型系统，可开发同时包含本地计算和安全计算的程序。SCAPI（Bar-Ilan Center for Research in Applied Cryptography and Cyber Security，2014；Ejgenberg et al.，2012）提供了很多MPC协议的Java实现。我们在本章主要关注基于乱码电路协议的工具，但很多工具也实现了其他的协议。举例来说，SCALE-MAMBA系统（Aly et al.，2018）把用类Python专用语言（MAMBA）编写的程序编译成基于BDOZ和SPDZ、可分为离线阶段和在线阶段的MPC协议（6.6.2节）。我们在本章主要关注在多数参与方不诚实威胁模型下设计的编程工具，但已经有很多编程工具支持其他的威胁模型。特别地，可以在三参与方、多数诚实模型下实现非常高效的MPC协议，最著名的有Sharemind（Bogdanov et al.，2008）以及Araki等人（Araki et al.，2017）提出的协议（7.1.2节）。

第5章

不经意数据结构

标准基于电路的程序执行方式并不适用于执行过程依赖于随机存取存储器的程序。例如，为执行一个简单的数组访问程序，程序中索引值是一个私有变量（我们用符号$\langle z \rangle$表示变量 z 是私有的，实际取值受 MPC 保护），

$$a[\langle i \rangle] = x$$

需要实现一个规模随数组 a 大小的增加而线性增大的电路。直接实现这样一个电路需要使用 N 个 2 选 1-多路选择器，其结构如图 5.1 所示。为不经意读取或更新数据结构中的某一元素，电路需要触达数据结构中的每一个元素。一般把这种不经意数据结构访问方法称为线性扫描（Linear Scan）方法。为在大规模数据结构下完成实际计算，需要设计并实现亚线性复杂度访问操作的不经意数据结构。然而，如果数据访问过程只触达部分元素，就有可能在计算过程中泄漏受保护数据的相关信息。

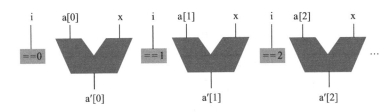

图 5.1 使用 N 个 2 选 1-多路选择器实现单一数组访问

在本章中，我们将扩展基于电路的 MPC，高效实现依赖于大规模数据结构访问过程的应用程序。由于数据结构的访问方式相对可预测，可以利

用这一特性设计不经意数据结构，从而在不经意计算中提供亚线性复杂度的数据结构访问方式。实际上，如果数据中哪个部分需要被访问的这一信息不是敏感信息，就没必要在访问过程中触达整个数据结构（5.1 节）。然而，更一般的实现方式是实现一个复杂度为亚线性级、支持任意内存访问方式的不经意数据结构。我们无法直接使用通用 MPC 协议实现这一功能，但可以结合使用 MPC 与不经意随机存取器（Oblivoious RAM，ORAM）来实现这一功能（5.2~5.5 节）。

5.1　特定不经意数据结构

在部分应用程序中，数据结构的访问模式虽然依赖于私有数据，但仍然是可预测、可预先确定的。举个简单的例子，下述循环的功能是将存储在数组中的私有数据取值翻倍：

```
for (i = 0; i < N; i++) {
    a[i] = 2 * a[i]
}
```

不需要在每轮迭代访问时都执行 N 次线性扫描（这种实现方式的总开销是 $\Theta(N^2)$），可以按照图 5.2 的方式将循环过程展开，直接更新每个元素的值。由于算法所需的访问模式是完全可预测的，因此更新元素取值时每个元素只被访问一次的做法不会造成信息泄漏。

上述实例的数据访问模式是明显可预测的，但大多数算法的数据访问模式都不会如此简单直接。不过，实际的数据访问模式并不完全依赖于数据本身。

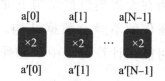

图 5.2　访问模式可预测的不经意数组更新机制

也就是说，可以预先知道某些数据访问模式在实际执行过程中不可能存在（这一信息与私有数据无关）。这种情况下，即使不支持不可能存在的数据访问模式，MPC 协议也是安全的。接下来，我们将描述一些算法中常用的、带有可预测数据访问模式的不经意数据结构。

不经意栈和不经意队列。可以不直接应用数组模拟栈数据结构，而是利用栈操作的局限性——所有栈的操作都只涉及栈顶的元素——实现高效不经意栈。然而，由于栈操作可能还与程序的条件语句相关，栈的访问模式并不是完全可预测的。因此，不经意栈数据结构需要支持条件语句，条件语句的输入是一个受保护的布尔变量，此变量决定是否执行栈操作。举例来说，当 b 的值为"真"时，条件压栈操作〈stack〉.condPush(〈b〉, 〈v〉)将 v 压入栈中；而当 b 的值为"假"时，不执行相应的栈操作。

最直接的方法是使用一系列 2 选 1-多路选择器实现 condPush 操作$^{\ominus}$。如果 b 的值为"假"，则把栈中位置为 i 的元素设置为 stack$[i]$。如果 b 的值为"真"，则把栈中位置为 i 的元素设置为 stack$[i-1]$（或者都设置为新压栈的元素 v，即把 v 设置为栈顶元素）。然而，与线性扫描数组一样，对于每一次栈操作，这种实现方法所对应的电路规模会随着栈最大元素数量的增多而增大。

更高效的方法是分层设计数据结构，将栈划分为一组缓存区，每个缓存区都包含一些数据槽，这样就没必要让每次操作都触达整个数据结构了。Zahur 和 Evans 的设计（Zahur and Evans，2013）受到了 Pippenger 和 Fischer 工作（Pippenger and Fischer，1979）的启发。Zahur 和 Evans 将栈划分为多层缓存区，第 i 层缓存区包含 5×2^i 个数据槽。栈顶为第 0 层缓存区。每一层缓存区的数据槽都被划分为 2^i 个数据块/数据组。因此，第 1 层缓存区中的数据都是两两成对添加的。每一个数据块都包含一个比特值，用于追踪当前数据块是否为空。每一层缓存区都包含一个 3 比特长的计数器 t，用于追踪当前缓存区层下一个空数据块的位置（t 的取值范围是 0 到 5）。

图 5.3 描述了一个条件栈实例。初始时已经在这个条件栈中预先插入了一些数据，随后又在这个条件栈中执行了两次 condPush 操作。图 5.3 的初始状态中，所有 t 都未超过 3，从而保证栈中有足够的空间执行两次 condPush 操作。一系列 2 选 1-多路选择器用于根据 t_0 将新元素推入正确的数据槽中，这与之前描述的基于纯电路实现的栈设计很类似。但是，此设

$\ominus$ 第 i 个多路选择器的两个数据输入分别是 stack$[i]$ 和 stack$[i-1]$，条件输入是 b。——译者注

计的数组元素长度固定为 5，数据访问开销更低。由于 $t_0 = 3$，执行两次
condPush 操作后第 0 层缓存区已满。因此，有必要执行一次数据移位操
作。数据移位操作有可能完全不改变栈状态（如果 $t_0 \leqslant 3$），也有可能将一个
数据块从第 0 层推入第 1 层（如图 5.3 所示）。数据移位操作结束后，就又
可以在栈上执行两次 condPush 操作了。这种层次结构设计可以扩展到支
持任何大小的栈，每执行 2^i 次 condPush 操作，就需要在第 i 层执行一次数
据移位操作。可以用类似的设计方式支持栈的条件弹出操作（即 condPop 操
作），每执行 2^i 次 condPop 操作，就需要在第 i 层执行一次左数据移位操
作。实现条件栈的算法库需要追踪栈操作的次数，获取每一层缓存区可能
包含的最小和最大元素数量，从而插入必要的移位操作，以防止缓存区溢
出或缓存区下溢。

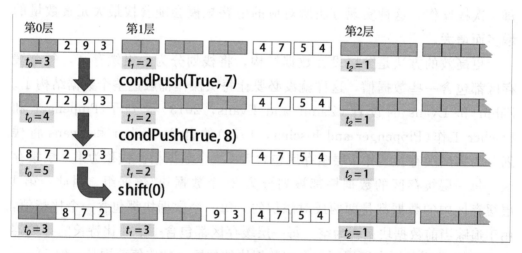

图 5.3   演示不经意栈的两次 condPush 操作。每执行两次 condPush 操作就需要执行一次 shift(0) 操作

所有基于电路的 MPC 协议的主要性能开销均来自执行电路所需的
网络带宽，而网络带宽会随门数量的增加而线性增长。此不经意栈的性能
开销由执行过程中栈所包含的最大元素数量决定。对于已知最多存储 N 个
元素的栈，k 次栈操作最多会访问 $\lfloor k/2^i \rfloor$ 次第 i 层缓存区，原因是每执行
2^i 次 condPush 操作，第 i 层缓存区就需要执行一次右数据移位操作（类似地，
每执行 2^i 次 condPop 操作，第 i 层缓存区就需要执行一次左数据移位操作）。

然而，性能开销会随着层深度的增加而增加，因为第 i 层缓存区中每

个数据块所包含的元素数量为 2^i，对应的移位操作需要 $\Theta(2^i)$ 个逻辑门。因此，第 i 层缓存区的移位电路大小为 $\Theta(2^i \times k/2^i) = \Theta(k)$。对于包含 $\Theta(\log N)$ 层的不经意栈，k 次操作所需的总电路大小为 $\Theta(k \log N)$，每次条件栈操作的平摊开销为 $\Theta(\log N)$。

其他不经意数据结构。Zahur 和 Evans 在论文（Zahur and Evans，2013）中还提出了一个类似的不经意分层队列数据结构。此数据结构本质上将两个不经意栈合并到一起，一个栈只支持 condPush 操作，另一个栈只支持 condPop 操作。由于每个栈只需要支持一个条件操作，此数据结构中每一层的缓存区数据块大小只需要设置为 3 即可，不需要设置为 5。还需要一个多路选择器来实现两个栈之间的数据移动操作。与不经意栈类似，不经意队列操作的平摊开销为 $\Theta(\log N)$。

只要数据结构的数据访问模式足够局部[⊖]、足够可预测，避免提供全随机存取功能，就可以专门设计对应的亚线性开销不经意数据结构。还可以将批量数据更新操作合并为一次数据读写过程，从而设计更高效的不经意数据结构。Zahur 和 Evans（Zahur and Evans，2013）提出了一个关联映射结构，此结构将一系列不包含内部依赖关系的数据读取和写入操作合并为一次数据更新操作。这需要将数据结构中的原始值和更新值放在一个数组中排序，仅保留最新的键值对，并重新创建一个新的数据结构。这种设计使得可以用大小为 $\Theta(N \log^2 N)$ 的电路完成最多 N 次数据更新操作，每次更新操作的平摊开销为 $\Theta(\log^2 N)$。

最主要的挑战是利用可预测的内存访问模式编写相应的程序。一个足够复杂的编译器应该可以识别出典型代码中包含的可预测数据访问模式，并针对性地自动执行必要的转换。然而，要想做到这一点需要对代码进行深入的分析，目前还没有编译器可以很好地做到这一点。程序员还可以选择人工重写代码，调用实现了不经意数据结构的函数库，专门管理程序中必须要用到的其他数据访问模式。还有一种构建不经意数据结构的方法是在通用 ORAM 的基础上构建高效不经意数据结构。本章后续部分将重点讨论 ORAM 的构造。

⊖　局部性（Locality）是指应用程序访问内存时，倾向于访问内存中较为靠近的空间。——译者注

5.2　基于 RAM 的 MPC

ORAM 是 Goldreich 和 Ostrovsky 提出的一种抽象内存访问模式（Goldreich and Ostrovsky，1996）。此模式支持内存的任意读取和写入操作，且不会泄漏与数据访问位置相关的任何信息。起初，ORAM 是在服务器端/客户端的场景下提出的，其目标是允许客户端将数据外包给不可信的服务器端进行存储，并在不向服务器端披露数据访问模式的条件下对外包数据进行内存访问操作。

Ostrovsky 和 Shoup 最先提出了应用 ORAM 实现 MPC 的基本思想，即将 ORAM 服务器端拆分为两个参与方，这两个参与方一起实现 ORAM 服务器端的功能（Ostrovsky and Shoup，1997）。Gordon 等人首先提出了可以借助 ORAM 实现 MPC 的具体方法（即 RAM-MPC，一般也被称为 RAM-SC）（Gordon et al.，2012）。在此方法中，ORAM 的状态由两个参与方（服务器端和客户端）通过 MPC 协议共同维护。关键思想是让各个参与方存储 ORAM 状态的秘密份额，应用基于电路的通用 MPC 协议执行 ORAM 数据访问算法。

ORAM 系统包含一个用于设定数据存储结构的初始化协议（初始化协议可能支持预先在数据存储结构中填充一部分数据），以及一个用于在这个存储结构中实现不经意读取和写入操作的访问协议。为满足不经意内存访问的目标，ORAM 系统必须要保证可观察到的物理数据访问行为不会泄漏与被访问数据相关的任何信息。这意味着执行访问协议所生成的所有等长物理访问操作之间均不可区分⊖。

初始化协议以一个包含数据元素的数组作为输入，应用此数组初始化

⊖　客户端在 ORAM 中执行读取或写入操作时，会向服务器端的 RAM 发送物理读/写指令，形成一系列物理层面上可被服务器端观察到的访问行为。一般把这一系列访问行为称为访问模式。为满足 ORAM 数据存取过程的不经意性，ORAM 必须保证服务器端可观察到访问模式也不泄漏与被访问数据元素相关的任何信息。这意味着无论客户端通过 ORAM 访问哪个元素，客户端向服务器端发送的物理访问操作指令长度都要相同且不可区分。——译者注

ORAM。除数组长度之外，初始化协议不能泄漏与初始值相关的任何信息。如果访问协议是安全的，则实现初始化协议的最直接方法是对输入数组中的每一个元素执行一次访问协议。然而，以这种方式实现的 ORAM 初始化协议开销可能很大，尤其是当把 ORAM 用在 MPC 协议中时，协议开销可能会变得极大。

Gordon 等人的 RAM-MPC 方案实现了一个基于 ORAM 的 MPC 协议 (Gordon et al.，2012)。为在 ORAM 中实现数据访问操作，两个参与方通过执行基于电路的 2PC 协议，将被访问的不经意逻辑内存位置转换为必须访问的物理内存位置。2PC 协议向两个参与方披露要访问的物理内存位置，但 ORAM 的设计方式将保证这组物理内存位置不会泄漏与逻辑内存位置相关的任何信息。随后，每个参与方检索出存储在这些物理内存位置上的数据秘密份额，并将这些秘密份额传递给 MPC 协议[一]。执行完数据读取操作后还需要执行数据写入操作。MPC 协议执行的电路将生成新的数据元素，需要把这些数据元素写入之前被访问的物理内存位置。MPC 协议向各个参与方披露涉及的明文物理内存位置，参与方需要各自在本地的物理内存位置上写入对应数据的秘密份额。

Gordon 等人证明，用秘密分享方案将 ORAM 状态拆分给两个参与方，再使用半诚实安全 2PC 协议实现 ORAM 的数据访问操作，所得到的 RAM-MPC 在半诚实模型下是安全的[二]。

5.3　树形 RAM-MPC

Gordon 等人(Gordon et al.，2012)在 Shi 等人设计的树形 ORAM(Shi et al.，2011)基础上构造了 RAM-MPC。在树形 ORAM 的底层数据结构中，高度为 logN 的二叉树存储了 N 个元素，二叉树中的每一个节点都存

[一] 两个参与方预先将数据元素秘密分享，每个参与方在本地存储数据元素的秘密份额。——译者注
[二] 可以实现恶意安全模型下安全的 RAM-MPC(Afshar et al.，2015)，但需要保证存储在 MPC 协议外部的数据不被攻击者攻陷。

储 logN 个元素。每个逻辑内存位置都被映射到一个随机的叶子节点上，数据元素和该元素对应的逻辑索引值都以加密的形式存储在根节点到叶子节点路径中的一个节点内。为访问一个数据项，客户端需要先得到该数据项逻辑位置所对应的叶子节点，并从服务器端检索从根节点到叶子节点路径上的所有节点中存储的数据项。客户端对这些数据项解密，查找出实际要访问的数据项。

细心的读者可能会注意到下述技术难题。客户端在查找数据的过程中需要知道该数据项逻辑位置所对应的是哪个叶子节点。然而，逻辑位置映射表的存储量与 N 呈线性关系，客户端无法用亚线性存储空间存储逻辑位置映射表。此问题的解决方案是让服务器端用另一个树形 ORAM 存储逻辑位置映射表。由于逻辑位置映射表的存储空间一般小于实际数据的存储空间，且第二个 ORAM 树中的每个数据项可以存储多个映射关系，因此第二个 ORAM 树所消耗的存储空间一般小于 N。为支持更大规模的 ORAM，可以使用一系列查找树，客户端只需存储最小的树。

在 RAM-MPC 中，两个参与方要对 ORAM 树进行秘密分享。为访问一个元素，参与方以此元素逻辑索引值的秘密份额为输入执行 2PC 协议，并（以秘密分享的形式）输出该元素逻辑索引值所对应的叶子节点。随后，协议沿搜索路径进行线性扫描，得到该逻辑索引值对应元素的秘密份额，供更上层的 MPC 协议使用。请注意，也可以把每个节点中的数据存储在另一个 ORAM 中，从而避免执行线性扫描。但由于存储数据的桶比较小⊖，且（至少对于当前的 ORAM 方案来说）实现另一个 ORAM 也需要引入大量的开销，因此这里仍然建议只执行简单的线性扫描操作。

为完成数据访问过程，我们需要保证即使多次访问相同的元素，访问协议所生成的访问模式也满足不经意性。为在树形 ORAM 中实现这一点，一旦访问了一个逻辑位置，此位置就需要被重新映射到一个新的随机叶子节点上，并将更新的元素插入树的根节点中，以确保下次也能访问到此数

⊖ 桶是指 ORAM 树中可存储多个数据的节点，桶的大小是指每个节点能存储的数据数量，一般为 logN 数量级。——译者注

据。为防止根节点数据溢出，Shi 等人(Shi et al.，2011)在协议中设计了一个平衡机制。ORAM 每被访问一次，平衡机制就随机将一些元素从上层节点推向下层节点。对于被随机选中的元素，在将其驱逐到下一层的过程中，该元素原来所在节点的两个子节点也需要进行更新(这样做是为了掩盖哪个叶子路径包含了被驱逐的元素)。

　　直观上看，任何两次数据访问的访问模式都是不可区分的，因此攻击者无法知道每次访问了哪一个元素。实际上，每次访问一个元素之后，此元素又会被移动到另外一个随机位置上。此外，每次访问都将完整检索从根节点到叶子节点上全路径中的元素。因此，只要元素逻辑位置与叶子节点是随机映射的，且不向服务器端披露此映射关系，服务器端就不知道客户端访问了哪个元素。此方案的风险在于，当被驱逐的元素沿着树的路径向下移动时，子节点可能会溢出，没有足够的存储空间存储所有的元素。Shi 等人(Shi et al.，2011)在论文中证明，经过 k 次 ORAM 访问后每个节点存储 $O\left(\log\left(\dfrac{kN}{\delta}\right)\right)$ 个元素的概率小于 δ。因此，只要将每个节点可存储的元素数量设置为 $O(\log N)$，就可以保证节点溢出的概率忽略不计。然而，如何设置参数中的常数因子对方案实现来说同样非常重要。Gordon 等人(Gordon et al.，2012)仿真了各种不同参数的设置效果。仿真结果显示，如果在包含 2^{16} 个元素的 ORAM 中执行二分查找(即只需要执行 16 次访问操作)，当每个节点可存储的元素数量为 32 时，节点溢出的概率为 $\delta=0.0001$。

　　为了优化 MPC 下树形 ORAM 的性能，学者们设计出了多种改进方案。这些改进方案的关键点是为溢出的元素开辟额外的存储空间(称此存储空间为暂存区)，在保证可忽略失败概率的条件下减小桶的大小，以及改进驱逐算法。

　　路径 ORAM。路径 ORAM(Stefanov et al.，2013)在方案设计中为溢出元素增加了一个固定大小的辅助暂存区，每执行一次访问请求，方案都将扫描一遍暂存区。在这个小暂存区的支持下，可以设计出比原始二叉树 ORAM 更高效的数据驱逐策略。原始二叉树 ORAM 要在每层随机选择两个节点，分别驱逐节点中的一个元素，同时更新相应的两个子节点，这样才能保证服务器端无法知道被驱逐的元素是什么。与之相比，路径 ORAM

直接在根节点到被访问节点的路径上执行驱逐操作，尽可能将元素从根节点移动到叶子节点。由于数据访问请求原本就要访问这个路径中的元素，因此不需要额外的掩盖操作来隐藏被驱逐的元素。Wang 等人（Wang et al.，2014a）在路径 ORAM 的基础上提出了一个更高效的 RAM-MPC 方案，他们设计的驱逐算法用电路实现起来更加高效。

电路 ORAM。用 MPC 协议实现的 ORAM 数据访问操作和传统 ORAM 的数据访问操作存在一定的性能差异。针对 MPC 的特性定制化设计 ORAM，可以将传统的服务器端/客户端 ORAM 改进为更适合 RAM-MPC 的 ORAM，从而进一步提高 RAM-MPC 的执行效率。

Wang 等人（Wang et al.，2014a）认为，如果用基于电路的 MPC 协议实现用于 RAM-MPC 的 ORAM，应主要从电路复杂度的维度考虑性能开销，而服务器端/客户端模式的 ORAM 设计主要从（服务器端与客户端之间）网络带宽的维度考虑性能开销。用 MPC 协议实现用于 RAM-MPC 的 ORAM 时，ORAM 的性能开销主要由 ORAM 数据访问和数据更新过程中执行 MPC 电路时产生的网络带宽成本决定[⊖]。

为此，Wang 等人（Wang et al.，2015b）提出了电路 ORAM，这是一种将 ORAM 应用于 RAM-MPC 场景时 ORAM 数据访问操作对应电路的复杂度最优方案。电路 ORAM 用一个更高效的设计取代了路径 ORAM 中较为复杂的驱逐策略。在此设计中，只需要对驱逐路径中的数据块扫描一次，在一次遍历中同时完成数据块的选择和移动操作，即可完成数据的驱逐过程。该方案的主要思想如下。首先执行两次元数据扫描操作，以便决定需要移动哪些数据块、这些数据块将被移动到哪些新位置上[⊖]。这两次扫描操作可以在比完整数据块小得多的元数据标签上运行。当运行完两次元数据扫描操作，决定需要移动哪些数据块之后，就可以依次从暂存区最开始的位置出发，将数据块逐个移动到对应的位置上去。

由于元数据扫描操作中扫描的元数据要比实际数据块小得多，因此扫

⊖ 由于要用基于电路的 MPC 协议实现 ORAM 的数据访问操作，因此通信开销主要由数据访问操作电路的复杂度决定。——译者注

⊖ 元数据是指数据的元信息，即哪些位置存储了哪些数据块。——译者注

描引入的总开销可以达到最小。Wang 等人(Wang et al.，2015b)证明，当数据块大小为 $D = \Omega(\log^2 N)$ 时，如果让电路 ORAM 的统计失败概率达到 δ，则需要把电路 ORAM 的暂存区大小设置为 $O\left(\log \dfrac{1}{\delta}\right)$，对应电路的总大小为 $O\left(D\left(\log N + \log \dfrac{1}{\delta}\right)\right)$。如果用大小为 32 比特的数据块存储 4GB 的数据，则电路 ORAM 的实现成本(衡量成本的方式是考察电路中所需的非免费门数量)要比原始二叉树 ORAM 低 30 倍左右。

5.4　平方根 RAM-MPC

虽然最初提出的 ORAM 采用分层设计，但早期 RAM-MPC 的设计并没有使用分层设计思想，这是因为如果要实现分层 ORAM，似乎必须要在 MPC 下实现一个 PRF，并利用此函数的输出实现不经意排序。在基于电路的 MPC 中，这两个步骤所依赖的电路实现成本都非常高。因此，RAM-MPC 更倾向于基于二叉树设计的 ORAM，这种设计不需要在 MPC 下实现排序或 PRF 求值。

Zahur 等人(Zahur et al.，2016)观察到，Goldreich 和 Ostrovsky 设计的平方根 ORAM(Goldreich and Ostrovsky，1996)实际上更适合用在 RAM-MPC 中，这是因为虽然需要实现不经意置换步骤，且此步骤要用到 PRF，但两个参与方可以在 RAM-MPC 中涉及的通用 MPC 之外完成 PRF 的计算。与树形 ORAM 相比，此 ORAM 方案更加简单和高效，且由于数据块不可能出现溢出，ORAM 的统计失败概率严格为 0。此方案需要维护一个公共集合 Used，用于存储已使用过的物理位置(由于逻辑位置与物理位置的映射关系是随机的，且每个物理位置只会被随机访问一次，因此公共集合 Used 不会泄漏任何信息)。此外，每层都需要维护一个不经意暂存区，用于存储已经被访问过的数据块。由于暂存区含有私有数据，因此暂存区需要被加密存储，并作为 MPC 中的导线标签放置在电路中。树形 ORAM 方案中，处理节点溢出问题时的暂存区使用方法是概率性的，因此存在统计失败概率。但在平方根 ORAM 中，暂存区在每次数据访问中的使用方法都是确定性的。每次数据访问操作都将在每层的暂存区中添加一个元素，每次数据访问都要线性扫描所有的暂存区。如果在暂存区中发现了被访问的元素，则用一个随机选择的元素作为被访问的元素继续执行扫描过程，以保持访问过程的不经意性。每次对 ORAM 中的元素置乱后，ORAM 允许执行的访问次数将由每个暂存区的大小决定。当将暂存区大小设置为 $\Theta\sqrt{N}$ 时，方案达到最优，这也是"平方根 ORAM"这个名字的由来。平方根 ORAM 应用 Waksman 网络（Waksman，1968）实现不经意置乱，需要 $n\log_2 n - n + 1$ 次不经意交换操作完成 n 个元素的置乱过程。应用 Huang 等人（Huang et al.，2012a）的设计，每个不经意交换操作的电路只包含一个密文。

平方根 ORAM 最主要的优点是包含初始化步骤在内的总体实际性能更优。初始化步骤要做的全部工作是生成一个随机置换函数，对所有输入元素进行不经意置换，再用与访问协议相同的方法生成不经意初始化位置映射。早期 ORAM 方案的初始化过程需要重复执行数据写入操作，而平方根 ORAM 的初始化步骤可以在实际中大幅降低 ORAM 的开销。如果不考虑初始化步骤，只要超过 32 个数据块（数据块大小一般为 16 或 32 字节），平方根 ORAM 的单次访问开销就会比线性扫描更优，而数据块数量只要不超过 2^{11}，电路 ORAM 的访问开销就会比线性扫描更高。虽然平方根 ORAM 的渐近开销比电路 ORAM 更高，但只要数据块数量少于 2^{16}，平方根 ORAM 的实际单次访问开销就比电路 ORAM 更优。如果要用 ORAM 存储大量的数据，则初始化步骤的性能开销就变得很关键了——初始化平方根 ORAM 需要 $\Theta(\log N)$ 轮网络通信交互，而电路 ORAM 需要 $\Theta(N\log N)$ 轮网络通信交互。初始化包含 $N = 2^{16}$ 个数据块的电路 ORAM 需要花费好几天的时间，且只有当 ORAM 的数据访问操作计算量极大时，电路 ORAM 才会具有明显的性能优势。

5.5　Floram

Doerner 和 Shelat(Doerner and Shelat，2017)注意到，传统 ORAM 系统中亚线性级计算复杂度的这一必备要求，或许在 RAM-MPC 场景下不是必须要满足的。由于 MPC 的开销远远超过非 MPC 的开销，如果能设计出一种 ORAM，可以使 RAM-MPC 满足在"MPC 外部"为线性开销的情况下"MPC 内部"的计算量有所降低，这种 ORAM 的设计思想可能比亚线性复杂度的 ORAM 设计思想更可取。从这个视角出发，Doerner 和 Shelat(Doerner and Shelat，2017)重新审视了 Lu 和 Ostrovsky 的分布式 ORAM 方案(Lu and Ostrovsky，2013)，并基于双服务器私有信息检索(Private Information Retrieval，PIR)方案设计出高性能、高可扩展的 RAM-MPC 方案。此方案名为函数秘密分享线性 ORAM (Function-secret-sharing Linear ORAM，Floram)。与平方根 ORAM 和电路 ORAM 相比，Floram 在多种实际参数下都可以达到超过 100 倍的性能提升。

分布式 ORAM 弱化了传统 ORAM(服务器端追踪到的访问模式满足不可区分性)的安全性要求。此方案把 ORAM 服务器端拆分为两个互不共谋的服务器端，对应的安全性要求是，任意单独服务器追踪到的访问模式都不可区分(但如果两个服务器将追踪到的行为合并起来，则访问模式就会变得可区分)。需要注意，我们并不知道如何在 2PC 场景下更恰当地引入双服务器 ORAM，因为除了 ORAM 的客户端之外，协议设计时还需要引入两个互不共谋的服务器端。

PIR 允许客户端从服务器端检索出指定的数据项，但不向服务器端披露被检索的数据项是什么(Chor et al.，1995)。传统 PIR 与 ORAM 有所不同，PIR 只支持读操作，且允许服务器端以线性开销访问数据项，而 ORAM 的目标是使数据检索平摊开销达到亚线性级。

点函数(Point Function)是指除某一个输入外，其他所有输入对应的输出均为 0 的函数，即：

$$P^{\alpha,\beta}(x)=\begin{cases}\beta & \text{如果 } x=\alpha \\ 0 & \text{如果 } x\neq\alpha\end{cases}$$

Gilboa 和 Ishai 提出了分布式点函数（Distributed Point Functions，DPF）的概念，即两个参与方对点函数进行秘密分享，秘密份额函数的大小与函数定义域呈亚线性级关系，且秘密份额函数隐藏了 α 和 β 的值。每个参与方 $p\in\{1,2\}$ 对秘密份额函数求值，得到两个输出。第一个输出是 $y_p^x=P_p^{\alpha,\beta}(x)$，此为点函数 $P^{\alpha,\beta}(x)$ 输出所对应的秘密份额。第二个输出是 $t_p^x=(x=\alpha)$，此为判断输出是否有效的一个单比特值所对应的秘密份额，即如果 $x=\alpha$，则 t_p^x 是 1 所对应的秘密份额，否则 t_p^x 是 0 所对应的秘密份额。Gilboa 和 Ishai（Gilboa and Ishai，2014）展示了如何用 DPF 实现高效双服务器 PIR。Boyle 等人（Boyle et al.，2016b）对方案进行了优化。

Floram 应用 DPF 实现了两方不经意只写内存区（Oblivious Write-Only Memory，OWOM）和两方不经意只读内存区（Oblivious Read-Only Memory，OROM）。将 OWOM 和 OROM 组合起来即可实现 ORAM，但问题是无法直接从只写内存区中读取数据[一]。为解决此问题，Floram 构建了一个线性扫描暂存区，同时在 OWOM 和暂存区中写入元素。当暂存区被写满后，Floram 将 OWOM 转换为 OROM，用这个 OROM 替换之前的 OROM，并重置 OWOM 暂存区。OWOM 对存储的元素进行 XOR 秘密分享。如果想写入一个元素，需要把 OWOM 中所有元素更新为当前元素与 DPF 输出的异或结果。这样一来，只有新写入的元素被更新到 OWOM 的指定位置中，其他所有的元素都没有被更新[二]。

读取。在 OROM 中，每个元素都被与索引值 x 关联的 $\text{PRF}_k(x)$ 加密，

[一] 只写内存区只支持数据写入，不支持数据读取，这意味着数据读取操作无法读取到之前数据写入操作所写入的数据。

[二] 如果想在 OWOM 中的指定位置 i 上写入一个元素，两个参与方首先计算写入元素与 i 位置上当前存储元素的差值 β，构建 DPF：$P^{i,\beta}(x)$，其中 x 的取值范围是 OWOM 中所有可能的位置取值。两个参与方计算 DPF 的输出，并把 OWOM 中所有元素更新为当前元素与 DPF 输出的异或结果。如果 $x\neq i$，则 DPF 输出的异或结果为 0，因此其他位置上的元素实际上都没有被更新；如果 $x=i$，则此位置上的元素被更新为当前存储元素加上 β，即为新写入的元素。——译者注

两个参与方的 OROM 分享加密结果[⊖]。如果要从 OROM 中读取位置 i 上的元素，每个参与方应用自己的密钥，通过 MPC 协议得到位置 i 上的 DPF 密钥 $k_p^{i[⊖]}$。随后，每个参与方对所有位置 x 计算 $P_{k_p^i}(x)$，并对 $P_{k_p^i}(x)$ 的所有输出求异或。如果 $x \neq i$，则 $P_{k_p^i}(x)$ 等于 0 的秘密份额，因此 $P_{k_p^i}(x)$ 所有输出的异或结果等于秘密份额 v_p^i。参与方把这个秘密份额作为 MPC 的输入，与另一个参与方的秘密份额求异或，即可得到 $R^i = v_1^i \oplus v_2^i$。为最终得到位置 i 上的元素，参与方再用 MPC 对 $\mathsf{PRF}_k(i)$ 与 R^i 求异或。之所以要用 PRF 对元素加密，是为了避免更新 OROM 时泄漏相关信息。每次读取操作都需要生成一个 DPF（该步骤中 MPC 协议的计算复杂度和通信复杂度都为 $O(\log N)$），用 $O(N)$ 次本地计算对所有位置求 DPF，再用常数级复杂度（与 N 无关）的 MPC 协议求 PRF 的输出，最终解密出读取的元素。此外，每次读取操作都需要通过 MPC 协议线性扫描整个暂存区中的数据，防止被访问的元素在最近一次刷新后已经被更新。因此，这一方案的开销取决于需要多大的暂存区来平摊刷新操作的开销。

刷新。一旦暂存区已满，就需要对 ORAM 执行一次刷新操作，即将 OWOM 转换为一个新的 OROM，并清空暂存区。为此，每个参与方首先生成一个新的 PRF 密钥（P_1 生成 k_1，P_2 生成 k_2）。随后，参与方 $p \in \{1, 2\}$ 用 PRF 对当前存储在 OWOM 中的数据加密，即计算 $W'_p[i] = \mathsf{PRF}_{k_p}(i) \oplus W_p[i]$。两个参与方互相交换加密结果 $W'_p[i]$，并进一步对此加密结果与自身的加密结果求异或，得到 $R[i] = \mathsf{PRF}_{k_1}(i) \oplus \mathsf{PRF}_{k_2}(i) \oplus W_1[i] \oplus W_2[i]$，其中 $v[i] = W_1[i] \oplus W_2[i]^{[⊜]}$。每个参与方将 PRF 密钥发送给 MPC，允许 MPC 协议计算 $\mathsf{PRF}_{k_1}(i) \oplus \mathsf{PRF}_{k_2}(i)$。这使得参与方可以在 MPC 下解密 OROM 中的元素，但解密过程又不泄漏秘密索引值 i。刷新暂存区需要 $O(N)$ 复杂度的本地操作和 $O(N)$ 复杂度的通信量，但不需要 MPC。因为

⊖　在下文的**刷新**步骤中会讲解 PRF 密钥 k 的生成方法。实际上，$\mathsf{PRF}_k(x) = \mathsf{PRF}_{k_1}(x) \oplus \mathsf{PRF}_{k_2}(x)$。参与方 P_1 持有 k_1，参与方 P_2 持有 k_2。——译者注

⊖　具体实现 DPF 时，每个参与方 p 会持有 DPF 的一个密钥 k_p。参与方在本地分别用自己的 k_p 进行计算，就可以获得 DPF 的输出。在 Floram 中，每个位置 i 上都对应一个 DPF，因此每个参与方 p 都持有一系列 DPF 密钥 k_p^i。——译者注

⊜　这里的 $R[i]$ 就是**读取**步骤中的 R^i，而 $v[i]$ 就是位置 i 上的元素。——译者注

刷新的开销相对较低，所以暂存区的最优刷新周期为 $O(\sqrt{N})$（刷新周期的常数因子也比较小，具体实现时一般设置为 $\sqrt{N}/8$）。

虽然 Floram 的渐近开销是线性的，但与平方根 ORAM 及其他 RAM-MPC 下的 ORAM 相比，Floram 的性能提升量仍然非常显著。OROM 和 OWOM 的线性开销操作在"MPC 之外"，因此即使每次访问操作都需要 $O(N)$ 复杂度的计算量，此线性操作的实际性能开销也远小于客户端执行亚线性复杂度 MPC 的性能开销。Doerner 和 Shelat(Doerner and shelat，2017)的实验结果表明，在元素数量小于 2^{25} 之前，ORAM 中 MPC 的开销占据主导地位。只有当元素数量超过 2^{25} 之后，本地线性复杂度计算开销才占据主导地位。Floram 可以扩展为支持存储 2^{32} 个四字节元素的 ORAM，在局域网环境下，每个元素的平均访问时间为 6.3 秒。

可以用与刷新过程相同的机制对 Floram 进行初始化，初始化过程非常简单和高效。Floram 还可以非常高效地完成非秘密索引值的读取和写入操作：每个参与方可以直接将位置 i 元素的秘密份额传入 MPC，从而直接从 OWOM 中读取对应位置上的元素。Floram 还有如下所述的另一个非常重要的性质。其他 RAM-MPC 方案都需要存储导线标签，而导线标签的长度是真实值的 κ 倍，这意味着参与方的存储量也将被扩展为原来的 κ 倍。而在 Floram 中，每个参与方只需要分别在 OROM 和 OWOM 中存储数据的秘密份额，而秘密份额的长度与数据的原始长度相同。

5.6　延伸阅读

学者们还提出了很多其他支持高效 MPC 的不经意数据结构，这些数据结构一般都依赖于 ORAM。Keller 和 Scholl(Keller and Scholl，2014)在 ORAM 设计的基础上构造了高效的不经意数组数据结构。Wang 等人(Wang et al.，2014b)充分利用了大部分数据应用场景中数据访问模式的稀疏性和可预测性，设计了包括优先队列在内的多种不经意数据结构，并提出了一种基于标识的通用技术，实现高效树型数据访问模式。

我们在本章接触了大量 ORAM 的文献，主要关注适用于 RAM-MPC 的 ORAM 方案。ORAM 到目前为止仍然是一个相当活跃的研究领域，需要进一步探索其他的方案设计方式，在性能、安全性等多个方面作出权衡。Buescher 等人（Buescher et al.，2018）研究了不同场景下适用于 RAM-MPC 的 ORAM 设计方法，并开发出一个编译器，为应用高级程序设计语言实现的数据访问过程选择合适的 ORAM 方案。Faber 等人（Faber et al.，2015）基于电路 ORAM 提出了一个三方 ORAM，在三方多数诚实模型下大幅降低了协议的开销。另一个可能对 RAM-MPC 下 ORAM 的设计有所帮助的新研究方向是，允许在一定程度下泄漏数据访问模式，以换取更高的 ORAM 执行效率（Chan et al.，2019；Wagh et al.，2018）。

第6章

恶意安全性

到目前为止，我们主要关注的是半诚实安全协议，此类协议只能在被动攻击者的攻击下提供隐私性和安全性，而被动攻击者会遵守协议的规范执行协议。半诚实威胁模型是非常弱的威胁模型，此模型所依赖的假设低估了大多数场景下实际攻击者的能力。表 6.1 总结了本章将讨论的几个协议，这些协议的设计初衷是抵御恶意攻击者的攻击。

表 6.1　本章讨论的恶意安全 MPC 协议总结

协议	支持的参与方数量	协议的执行轮数	基础协议
切分选择(6.1-6.4 节)	两方	常数	姚氏乱码电路(3.1 节)
GMW 编译器(6.5.1 节)	多方	（继承）	任意半诚实安全协议
BDOZ & SPDZ(6.6 节)	多方	电路深度	预处理
可认证乱码电路(6.7 节)	多方	常数	BMR(3.5 节)

6.1　切分选择

姚氏乱码电路协议无法抵御恶意攻击者的攻击。具体来说，P_1 需要为 $\mathcal{C}$ 生成乱码电路，并将生成结果发送给 P_2。而恶意 P_1 发送给 P_2 的可能不是 $\mathcal{C}$ 对应的乱码电路，而是另一个 P_2 不认可的功能函数所对应的乱码电路。P_2 无法确认接收到的乱码电路是否是 $\mathcal{C}$ 对应的正确乱码电路。如果

P_2 对恶意生成的乱码电路求值，则输出结果可能会泄漏更多的信息（例如，可能会泄漏 P_2 全部的输入）。

主要思想：验证一部分电路，对另一部分电路求值。 解决这个问题的标准方法是切分选择（Cut-and-Choose）技术。此技术的核心思想最早可以追溯到 1984 年 Chaum 的论文（Chaum，1984）。在这篇论文中，Chaum 利用这一思想实现了一个盲签名方案。

为使用切分选择技术增强姚氏乱码电路协议的安全性，P_1 为 $\mathcal{C}$ 生成很多相互独立的乱码电路，将所有乱码电路发送给 P_2。P_2 随机"打开"其中的一部分电路，即要求 P_1 给出生成这些电路所用到的全部随机量。P_2 随后验证每个被打开的乱码电路是否正确实现了 $\mathcal{C}$。只要有一个被打开的电路是错误的，P_2 就知道 P_1 在作弊，从而中止协议。如果所有被打开电路的验证结果都是正确的，P_2 继续执行协议。由于被打开的电路已经泄漏了计算过程中要用到的所有秘密值，因此不能用这些被打开的电路来完成计算。但是，如果所有被打开的电路都是正确的，P_2 有信心认为大多数未被打开的电路也是正确的。P_2 可以用标准姚氏乱码电路协议对剩下的那些未被打开的电路求值。

生成电路的输出结果。 切分选择技术无法以不可忽略的概率保证所有未被打开的电路都是正确的。假设 P_1 生成了 s 个乱码电路，每个电路被验证的概率相互独立，均为 $\frac{1}{2}$。如果 P_1 只生成一个不正确的电路，则此电路有 $\frac{1}{2}$（不可忽略）的概率未被验证，可能成为其中一个求值电路。在这种情况下，P_2 对电路求值可能会得到不一致的输出。

如果 P_2 得到了不一致的输出，则 P_2 明显知道 P_1 在作弊。在这种情况下，我们似乎应该建议 P_2 中止协议。然而，这样做是不安全的！假设 P_1 生成的错误电路比较特殊，其依赖于 P_2 的输入决定是否输出错误的结果。例如，假设当 P_2 输入的第一个比特为 1 时错误电路才会输出错误的结果。此时，只有当 P_2 输入的第一个比特为 1 时，P_2 才会看到不一致的输出。如果在这种情况下 P_2 中止协议，则中止协议这一行为会泄漏 P_2 输入的第一个比特。因此，我们面临的是这样一种情况：P_2 肯定知道 P_1 在作弊，

但 P_2 必须像什么事情都没发生那样继续执行协议，从而避免泄漏与自己的输入相关的信息。

切分选择技术解决此问题的传统方法是让 P_2 对电路求值后，只输出多数一致的结果[⊖]。我们需要适当选取切分选择技术的参数（生成电路的数量，每个电路被验证的概率），使得

Pr[大多数电路的一致输出都是错误的 ∧ 所有被验证的电路都是正确的]

是可忽略的。换句话说，如果所有被验证的电路都是正确的，则 P_2 可以安全地假设大多数电路的计算结果也是正确的。从这个角度看，输出多数一致的结果是合情合理的。

输入不一致性。在基于切分选择技术的协议中，P_2 要对多个乱码电路求值。同时存在多个求值电路会引入一个附加问题：恶意参与方可能会尝试为不同的乱码电路提供不同的输入。输入一致性是指保证两个参与方为所有电路均提供相同的输入。

一般来说，比较容易保证 P_2 的输入一致性（即防止恶意 P_2 提交不同的输入）。回想一下，在姚氏乱码电路协议中，P_2 作为 OT 协议的接收方，利用 OT 协议选择乱码电路的输入。两个参与方可以对所有电路中 P_2 的每个输入比特统一执行一次 OT 协议，把 P_2 输入比特对应的所有乱码值一次性全部发送给 P_2。由于要发送的乱码值是由 P_1 准备的，这样做可以保证 P_2 只能接收到所有电路中相同输入所对应的全部电路乱码值。

保证 P_1 的输入一致性更具挑战。Shelat 和 Shen（Shelat and Shen，2011）提出了一种解决方案（其他方法参见 6.8 节）。此解决方案让两个参与方通过乱码电路协议对功能函数 $((x,r),y) \mapsto (\mathcal{F}(x,y), H(x,r))$ 求值，其中 H 是一个 2-通用哈希函数。2-通用性是指对于所有的 $z \neq z'$，$\Pr[H(z) = H(z')] = \frac{1}{2^\ell}$，实际概率取值依赖于随机选择的 H，而 ℓ 是 H 的输出比特长度。此解决方案的基本思想是，P_1 首先对其提供的输入做出承诺，P_2 随后选择一个随机的 H 来生成乱码电路。由于 P_1 的输入在选择好

⊖ 输出多数一致的结果，是指 P_2 对多个未被验证的电路求值，大多数电路可能会给出一致的输出结果，P_2 把这些一致的输出作为电路的最终求值输出结果。——译者注

H 之前就已经被固定，任何不一致的输入都将导致 H 给出不同的输出，P_2 就可以知道输入是不一致的了。为了保证 H 的输出不会泄漏与 P_1 的输入 x 相关的任何信息，P_1 还需要为 H 提供一个附加随机量 r。只要 r 足够长，就可以用 r 来隐藏 x。Shelat 和 Shen（Shelat and Shen，2011）证明了随机布尔矩阵乘法是一个 2-通用哈希函数。如果公开的函数 H 是一个随机布尔矩阵乘法，则计算 H 的电路只包含 XOR 操作。如果使用 FreeXOR 技术，此方案只会为乱码电路引入较小的额外开销。

选择性中止。另一个细节问题是，即使所有乱码电路都是正确的，P_1 也可以通过在 OT 协议中提供错误的输入导线标签达到作弊的目的。因此，仅验证乱码电路本身的正确性不足以保证 P_1 无法作弊。例如，P_1 可以用这样一个策略选择 OT 协议的输入：只有当 P_2 的第一个输入比特为 1 时，P_2 才会得到一个错误的输入导线标签（由于得到的输入导线标签是错误的，P_2 很可能在执行过程中止协议，这就泄漏了 P_2 的第一个输入比特）。一般称这种攻击为选择性中止攻击（Selective Abort Attack），也称为选择性失败攻击（Selective Failure Attack）。我们要关注的本质问题是，P_1 在部分 OT 协议中选择性地提供了错误的输入导线标签（例如，P_1 为输入导线值 0 提供正确的输入导线标签，但为输入导线值 1 提供错误的输入导线标签）。在这种情况下，P_2 是否接收到错误的输入导线标签取决于 P_2 的真实输入。

Lindell 和 Pinkas（Lindell and Pinkas，2007）提出了一种被称为抗 k 探查（k-probe-resistant）矩阵的解决方案（Shelat 和 Shen（Shelat and Shen，2013）进一步对此方案进行了改进）。此技术的基本思想是：两个参与方协商出一个公开矩阵 M，P_2 将其真实输入 y 随机编码为 $\bar{y}$，使得 $y = M\bar{y}$。乱码电路随后要计算的是 $(x, \bar{y}) \mapsto \mathcal{F}(x, M\bar{y})$，$P_2$ 将 $\bar{y}$（而不是 y）作为 OT 协议的输入。M 的抗 k 探查性是指，对于 M 所有行构成的非空子集，各个行 XOR 结果的汉明重量至少为 k。Lindell 和 Pinkas（Lindell and Pinkas，2007）证明，如果 M 满足抗 k 探查性，则 $\bar{y}$ 中任意 k 比特的联合概率分布满足均匀分布。换句话说，$\bar{y}$ 中任意 k 比特的联合概率分布与 P_2 的真实输入 y 相互独立。此外，由于 M 是公开矩阵，计算 $y = M\bar{y}$ 只涉及 XOR 操作，如果使用 FreeXOR 技术，此方案不会为乱码电路引入任何额外的开销

（不过 $\bar{y}$ 长度的增加会导致双方要执行更多的 OT 协议）。

抗 k 探查编码技术可以抵御选择性中止攻击的原理如下。如果 P_1 在最多 k 个 OT 协议中选择性地提供了错误的输入导线标签，则 P_2 收到的错误输入导线标签最多对应 $\bar{y}$ 中的 k 个比特，而哪 k 个比特对应错误输入导线标签的概率分布服从均匀分布。因此，P_2 中止协议的条件与 P_2 的输入无关。另一方面，如果 P_1 在多于 k 个 OT 协议中选择性地提供了错误的输入导线标签，则 P_2 有很高的概率中止协议（中止协议的概率至少为 $1 - 1/2^k$）。只要适当地选择 k 的值，使 $1/2^k$ 是一个可忽略函数（例如令 k 等于统计安全参数 σ），则协议因真实输入的取值而中止的概率也是一个可忽略函数。

具体参数。切分选择技术主要涉及两个参数：复制因子（Replication Factor）指的是 P_1 必须生成的乱码电路数量，验证概率（Checking Probability）指的是在切分选择步骤中每个乱码电路被验证的概率。很显然，切分选择协议最重要的目标是在提供足够安全性的条件下让复制因子的取值尽可能小。

在上文描述的切分选择协议中，攻击者破坏协议安全性的唯一方法是让大多数求值电路的输出结果不正确，且所有被选择的电路都能通过验证。可以用下述游戏抽象描述攻击者的攻击任务：

- 攻击者作为其中一个玩家（任意）准备 ρ 个球，每个球为红色或绿色。红色球代表一个错误的乱码电路，而绿色球代表一个正确的乱码电路。
- 另一个玩家随机验证其中 c 个球的颜色。如果任意一个球的颜色是红色，则攻击者输掉游戏。
- 如果未被验证的球大多数为红色，则攻击者赢得游戏。

我们要找到最小的 ρ 和最佳的 c，使得没有攻击者可以有超过 $2^{-\lambda}$ 的概率赢得游戏。Shelat 和 Shen（Shelat and Shen，2011）的分析结果表明，复制因子最小可以取 $\rho \approx 3.12\lambda$，而电路的最佳验证数量为 $c = 0.6\rho$（$c \neq 0.5\rho$ 这个结果很出乎意料）。

考虑实际执行开销的切分选择技术。Shelat 和 Shen 的结果给出了电路验证数量和电路求值数量的最优参数，但前提是电路验证和电路求值的执行开销完全相同。然而，我们要选择一些电路求值，选择另一些电路验证，而电路验证和求值的开销并不相等。具体来说，对乱码电路求值的计算开销只占乱码电路正确性验证开销的 $25\%\sim50\%$，这是因为电路求值过程只解密电路的一条路径，而验证电路正确性需要解密乱码表中的所有数据项。此外，在一些切分选择变种协议（如 Goyal 等人（Goyal et al.，2008）的协议）中，在 P_2 选择要打开哪些电路之前，P_1 只需要先向 P_2 发送乱码电路的哈希值。为打开一个电路，P_1 可以简单地向 P_2 发送一个用于生成电路中随机量的随机种子。P_2 利用此随机种子重新构造电路，计算电路的哈希值，并与 P_1 发送过来的哈希值进行比较。在此类协议中，验证电路的通信开销几乎为零，只有电路求值过程会引入较大的通信开销。

Zhu 等人（Zhu et al.，2016）在考虑电路验证和电路求值开销的条件下对相应的切分选择攻击游戏开展研究，得到了不同条件下的最优参数。

6.2　输入恢复技术

在上文描述的传统切分选择技术中，求值方（P_2）对多个乱码电路求值，输出多数一致的结果。我们已经详细剖析了此种方法的性能开销。在提供 $2^{-\lambda}$ 安全性的条件下，复制因子近似等于 3.12λ。如果想进一步降低复制因子，需要彻底改造切分选择技术。

Lindell（Lindell，2013）和 Brandão（Brandão，2013）分别独立提出了打破复制因子下界的切分选择协议。这些协议为 P_2 提供了一种方法，允许 P_2 在部分电路求值结果不一致的条件下识别出正确的电路求值结果。因此，恶意 P_1 破坏安全性的唯一方法是强制要求所有电路求值结果都不正确（而不是像之前的协议那样，只要求大多数电路的求值结果不正确）。假设有 ρ 个电路，每个电路被验证的概率相互独立，均为 $\frac{1}{2}$。能成功作弊的唯一方法是 P_2 打开的电路全都能通过验证，并对所有错误的电路求值，此种情况发生的概率为 $2^{-\rho}$。简而言之，复制因子仅为 $\rho=\lambda$ 即可满足 $2^{-\lambda}$ 的安全性，而传统方案要求 $\rho \approx 3.12\lambda$。Lindell 的协议（Lindell，2013）包含两个
阶段：

1. 双方执行传统切分选择协议。P_1 生成很多乱码电路，P_2 选择验证
    一部分电路，并对剩余的电路求值。假设 P_2 用不同的乱码电路计
    算得到了不同的输出，则 P_2 在同一条输出导线上会得到真实值互
    逆的输出导线标签（例如，某一个乱码电路中第一条输出导线标签
    对应的导线值是 0，另一个乱码电路中第一条输出导线标签对应的
    导线值是 1）。如果 P_1 是诚实的，则 P_2 不可能得到相互矛盾的导线
    标签。因此，这一对导线标签可以作为"作弊证据"。但根据前文的
    描述，由于计算结果是否矛盾这一事件可能依赖于 P_2 的输入，因
    此 P_2 不能向 P_1 披露自己是否得到了这样一个证据，否则会泄漏与
    P_2 私有输入相关的信息。

2. 在第二阶段，双方利用恶意安全 MPC 协议执行输入恢复函数：如
    果 P_2 能为函数提供第一阶段中的作弊证据，则函数会"惩罚"P_1，
    向 P_2 披露 P_1 的输入。在这种情况下，P_2 拥有双方的明文输入，因
    此可以简单通过本地计算得到正确的输出。如果 P_2 无法为函数提
    供作弊证据，则 P_2 无法在第二阶段得到任何信息。无论发生哪种
    情况，P_1 都不会从第二阶段得到任何信息。

这个协议中存在很多细节问题。值得注意的几个问题是：

- 第二阶段的 MPC 过程需要应用传统的（多数一致输出）切分选择协
  议。然而，此 MPC 过程的电路大小只取决于 P_1 输入的大小，与第
  一阶段中双方求值电路的大小无关。

- 为了进一步减小第二阶段的电路规模，最好让第一阶段的所有乱码
  电路共用相同的输出导线标签。这种情况下，打开任意一个电路都
  将泄漏第一阶段中求值电路的输出导线标签，使 P_2 可以"伪造"作弊
  证据。因此，在双方确定第二阶段的输入之前，不能打开并验证第
  一阶段的电路。

- 整个协议必须强制要求 P_1 在两个阶段为电路提供相同的输入。如果
  P_1 在第一阶段中的输入为 x，并在第一阶段中作弊，我们必须保证

P_2 在第二阶段得到相同的作弊 x。可以在此方案中应用上文描述的输入一致性机制(如 2-通用哈希技术),保证 P_1 在协议的两个阶段为电路提供相同的输入。

- 上文已经介绍过,P_2 不能告诉 P_1 是否发现 P_1 在第一阶段中作弊。类似地,该协议为 P_2 提供了两条获得电路计算结果的路径(P_2 在第一阶段得到所有电路给出的一致计算结果,P_2 在第二阶段恢复 P_1 的输入后直接计算出结果),但不能让 P_1 知道 P_2 是通过哪条路径得到的计算结果。这意味着即使发现 P_1 在作弊,双方也务必要完成第二阶段的 MPC 过程。

6.3　批处理切分选择

考虑这样一个应用场景:两个参与方预先知道他们要对同一个函数 f 执行 N 次安全求值(但 N 次求值的输入互不相关)。每次求值都需要执行切分选择协议,所以 P_1 每次都要生成很多 f 的乱码电路。如果能直接为所有 N 次电路求值过程一次性执行完切分选择协议,则可以降低每次求值的平均开销。

考虑下述切分选择抽象游戏的变种:

1. 攻击者作为其中一个玩家(任意)准备 $N\rho+c$ 个球,每个球为红色或绿色。
2. 另一个玩家随机验证其中 c 个球的颜色。如果任意一个球的颜色是红色,则攻击者输掉游戏。
3. 【新步骤】未被验证的球被随机分配到 N 个桶中,每个桶正好包含 ρ 个球。
4. 【修改后的步骤】如果任何一个桶中的球全部为红色,则攻击者赢得游戏(在另一个游戏变种中,如果任何一个桶中的大多数球都为红色,就认为攻击者赢得游戏)。

此游戏准确把握了 N 次求值批处理切分选择协议的核心思想。首先,P_1 生成 $N\rho+c$ 个乱码电路。P_2 随机选择其中 c 个电路进行验证,并将剩下的电路随机分配到 N 个桶中。每个桶都包含为特定实例求值的电路。这里我们假设,只要每个桶中至少包含一个正确的电路,则 N 个求值过程就是安全的(可利用 6.2 节的机制实现这一点)。

直观上看,现在玩家(攻击者)更难赢得切分选择游戏,因为每个求值电路都被随机分配到其中一个桶中。玩家必须足够幸运,不仅要避免验证步骤发现错误电路,还要保证经过随机分配后同一个桶中包含很多错误的电路。

Zhu 和 Huang(Zhu and Huang,2017)给出了渐近分析,分析结果表明,复制因子 $\rho = 2 + \Theta(\lambda/\log N)$ 足以保证攻击者攻击成功的概率不超过 $2^{-\lambda}$。与单实例切分选择协议中 $O(\lambda)$ 的复制因子相比,批处理切分选择协议的性能提升还是相对比较明显的[⊖]。与单实例切分选择协议相比,批处理切分选择协议的性能提升不仅是渐近层面的,根据要求的 N 合理选择复制因子 ρ 对性能提升同样非常重要。例如,如果要进行 $N = 1024$ 次电路求值,P_1 只需要生成 5593 个乱码电路,验证其中的 473 个电路,每个求值实例对 $\rho = 5$ 个电路求值,就可以达到 2^{-40} 的安全性。

Lindell 和 Riva(Lindell and Riva,2014)以及 Huang(Huang et al.,2014)基于上文描述的构造思想,分别提出了批处理切分选择协议。Lindell 和 Riva(Lindell and Riva,2015)后续对前一种协议进行了进一步的优化和实现。这些协议都使用了输入恢复技术,因此只要有一个求值电路是正确的,协议就是安全的。

6.4 门级切分选择:LEGO

在批处理切分选择协议中,每个桶/每个实例的平摊成本会随着实例数量的增加而减少。这一观察结论是恶意安全 2PC LEGO 范式的构造基础。

⊖ 批处理切分选择协议中,复制因子仅包含了求值电路的数量,但在单个实例中,我们考虑的是(包含验证电路和求值电路的)电路总数量。在实际中,批处理切分选择协议中的验证电路数量很少,因此全电路的平摊数量与求值电路的平摊数量相差不大。

LEGO 范式由 Nielsen 和 Orlandi 提出（Nielsen and Orlandi，2009），其主要思想是对单独的乱码门执行切分选择，而不是对整个乱码电路执行切分选择：

1. P_1 生成大量相互独立的乱码 NAND 门，两个参与方对这些 NAND 门执行切分选择。P_2 选择一部分 NAND 门进行验证，并将剩余的 NAND 门随机分配到桶中。

2. 执行焊接（Soldering）过程（下文将给出更详细的描述），用桶中的 NAND 门组装成乱码电路。
   - 连接每个桶中的 NAND 门，形成容错乱码 NAND 门。只要桶中大多数 NAND 门是正确的，容错乱码 NAND 门就可以正确地计算 NAND 函数。
   - 将一个容错乱码 NAND 门的输出导线标签转换成另一个容错乱码 NAND 门的输入导线标签，从而将容错乱码 NAND 门连接起来，最终形成所需的乱码电路。

3. P_2 对生成的单个乱码电路求值，此电路将以非常高的概率计算得到正确的结果。

我们现在使用 Frederiksen 等人（Frederiksen et al.，2013）的术语更详细地描述焊接过程。焊接过程要用到同态承诺（Homomorphic Commitment）协议，即如果 P_1 分别独立地对 A 和 B 做出承诺，则 P_1 后续可以分别向 P_2 打开 A 和 B 的承诺值，也可以只向 P_2 打开 $A \oplus B$ 的承诺值。

P_1 应用 FreeXOR 技术准备很多相互独立的乱码门。对于每一条导线 i，P_1 为导线值 0 随机选择一个导线标签 k_i^0；另一个导线值 1 所对应的导线标签为 $k_i^1 = k_i^0 \oplus \Delta$，其中 Δ 是 FreeXOR 技术中所有门共享的偏移量。P_1 向 P_2 发送每一个乱码门，并对每条导线的 k_i^0 做出承诺，同时对 Δ 做出承诺（由于所有门共享 Δ，因此 P_1 只需要承诺 Δ 一次）。这样一来，P_1 后续就可以利用承诺协议的同态性质向 P_2 打开 k_i^0 或 $k_i^1 = k_i^0 \oplus \Delta$。

如果选择要验证某个门，P_1 不能打开此门的所有导线标签，因为这会泄漏全局变量 Δ，破坏所有门的安全性。相反，P_2 从四种可能的门输入组合中随机选择一种输入组合，P_1 打开相应的输入和输出导线标签（即只打开每条导线上的一个导线标签）。随后，P_2 验证此门对输入组合的求值结果是否正确。因此，P_2 只有 $\frac{1}{4}$ 的概率捕获错误乱码门（Zhu 和 Huang（Zhu and Huang，2017）提出了可以将此概率提高到 $\frac{1}{2}$ 的方法）。这一变化会影响切分选择协议的参数（如桶的大小），但只会对参数带来常数级的影响。

焊接相当于将（附加在门上的）各个导线连接在一起，将一条导线上的逻辑值传递到另一条导线上。假设要连接导线 u（导线值 0 的导线标签为 k_u^0）和导线 v（导线值 0 的导线标签为 k_v^0）。P_1 向 P_2 打开焊接值 $\sigma_{u,v} = k_u^0 \oplus k_v^0$，使 P_2 可以在电路求值过程中将导线 u 上的导线标签转移到导线 v 上。举例来说，如果 P_2 持有未知导线值 b 的导线标签 $k_u^b = k_u^0 \oplus b \cdot \Delta$，则对此导线标签和焊接值 $\sigma_{u,v}$ 求异或，得到的就是导线 v 的导线标签：

$$k_u^b \oplus \sigma_{u,v} = (k_u^0 \oplus b \cdot \Delta) \oplus (k_u^0 \oplus k_v^0) = k_v^0 \oplus b \cdot \Delta = k_v^b$$

选择第一个门作为"锚"，将其他门的导线焊接到锚所对应的导线上（即将每个门的左输入焊接到锚的左输入上），这就完成了每个桶中容错 NAND 门的焊接过程。由于桶中有 ρ 个门，因此有 ρ 种方法对 NAND 门求值：将输入导线标签从锚转移到某个 NAND 门上，对此 NAND 门求值，将得到的输出导线标签转移到锚上。如果所有 NAND 门都是正确的，则所有 ρ 个求值路径都会给出相同的输出导线标签。如果有一部分 NAND 门是错误的，求值方将返回多数一致的输出导线标签。

由于利用了批处理切分选择技术的特性，即使执行单次求值，LEGO 范式的开销也相对更低。如果参与方希望对包含 N 个门的电路安全求值，则 LEGO 方法引入的复制因子为 $O(1) + O(\lambda/\log N)$，其中 λ 为安全参数。当然，焊接过程增加了很多电路级切分选择协议中不涉及的额外开销。然而，对于规模更大的电路，LEGO 方法的复制因子会比电路级切分选择协议的复制因子 λ 小很多，因此性能上会有很大的提升。

LEGO 变种协议。后续的很多工作都对 LEGO 协议进行了改进（Frederiksen et al.，2013；Frederiksen et al.，2015；Zhu and Huang，

2017；Kolesnikov et al.，2017b；Zhu et al.，2017）。值得提及的一些变种协议包括：

- 将协议的安全性调整为：只要桶中有一个乱码门是正确的，此 NAND 门的求值过程就是安全的（Frederiksen et al.，2015）。
- 在由多个 NAND 门组成的子电路组件上执行切分选择协议（Kolesnikov et al.，2017b）。
- 不需要预先构造所有的乱码门，而是创建大小固定的门电路池，在门电路池中不断补充 NAND 门，分批执行切分选择协议（Zhu et al.，2017）。

6.5　零知识证明

除了切分选择技术以外，还有一种将半诚实安全协议转换为恶意安全协议的方法：在协议执行的每一步中附加一个协议被正确执行的证明。当然，证明本身不能泄漏协议中的秘密信息。Goldrcich 等人（Goldreich et al.，1987）展示了如何利用零知识（Zero-Knowledge，ZK）证明将任意半诚实安全 MPC 协议转换为可抵御恶意攻击者攻击的 MPC 协议（6.5.1 节）。

零知识证明是恶意安全 2PC 协议的一个特例，我们在 2.4 节已经介绍过这个概念。零知识证明允许证明方说服验证方，使验证方相信他知道满足 $\mathcal{C}(x)=1$ 的 x，但不泄漏与 x 相关的任何信息，这里 $\mathcal{C}$ 是一个公开的电路。

6.5.1　GMW 编译器

Goldreich、Micali 和 Wigderson（GMW）提出了一个用零知识证明实现恶意安全 MPC 协议的编译器（Goldreich et al.，1987）。编译器的输入是任意一个可抵御半诚实攻击者攻击的 MPC 协议，编译器会生成一个功能函数完全相同的新协议，此协议可以抵御恶意攻击者的攻击。

令 π 表示一个半诚实安全协议。GMW 编译器的主要思想是执行 π，并在 π 中的每一条消息上附带一个零知识证明，用于证明每一条消息是诚实运行 π 得到的。如果任意一方不能为消息提供有效的零知识证明，则诚实参与方会中止协议。直观上看，恶意参与方要么诚实执行 π，要么在 π 中作弊，但后者会导致零知识证明失败。如果 π 确实被诚实地执行，则半诚实安全的 π 就满足恶意安全性。某个特定消息是否是通过诚实执行 π 得到的仅依赖于参与方的私有输入。零知识证明的零知识性可以保证在不泄漏任何私有输入信息的条件下验证这一点。

方案构造。将半诚实安全协议转换为相应恶意安全协议的主要挑战是准确定义零知识证明电路。重点要考虑如下两个问题：

1. 每个参与方都必须证明 π 的每条消息都是通过诚实执行 π 得到的，且执行过程中的输入保持一致。换句话说，零知识证明需要阻止参与方在协议的不同阶段用不同的输入执行协议 π。

2. 对于 π 中"正确的"下一条消息函数，其输入不仅包含参与方的私有输入，还包含参与方的私有随机带。只有当每个参与方的随机带确实满足均匀随机分布，π 才能保证协议的安全性。换句话说，如果参与方虽然诚实执行协议，但执行协议所用的随机带是恶意选取的，则协议也可能是不安全的。

第一个问题的解决方法是，每个参与方首先对其输入作出承诺，后续所有零知识证明都引用这个承诺，即：下面这条消息就是以公开承诺的私有输入作为输入，通过诚实执行 π 生成的。

第二个问题的解决方法是，使用一个叫作硬币抛掷（Coin-tossing into the Well）的协议。为方便描述，我们这里主要关注 P_1 生成的零知识证明。开始时，P_1 生成一个随机字符串 r 的承诺。随后，P_2 向 P_1 明文发送 r'。现在，P_1 必须以 $r \oplus r'$ 作为随机带执行 π。这样 P_1 就无法单独控制随机带了，因为即使 P_1 是恶意参与方，随机带也满足均匀随机分布。P_1 的零知识证明要引用对 r 的承诺（以及明文 r'），并保证 P_1 的确是用随机带 $r \oplus r'$ 执行的 π。

图 6.1 给出了协议的完整描述。

参数：
- 半诚实安全 2PC 协议 $\pi = (\pi_1, \pi_2)$，其中 $\pi_b(x, r, T)$ 表示参与方 P_b 用输入 x、随机带 r、前序消息集合 T 生成的下一条消息。
- 承诺协议 Com。

协议 π^*：(P_1 的输入为 x_1，P_2 的输入为 x_2)：

1. 对于 $b \in \{1, 2\}$，P_b 选择随机的 r_b 并生成 (x_b, r_b) 的承诺 c_b，打开 c_b 所要用到的披露值为 δ_b。

2. 对于 $b \in \{1, 2\}$，P_b 选择并发送一个随机的 r'_{3-b}（也就是协议执行过程中对方随机带的另一个秘密份额）。

3. 参与方 P_1 和 P_2 依次执行下述协议，直到协议终止：

   a) 令 T 表示 π 生成的前序消息集合（初始时为空）。P_b 计算并发送 π 的下一条消息 $t = \pi_b(x_b, r_b \oplus r'_b, T)$。如果 π_b 要求终止协议，P_b 也终止协议（无论 π_b 的执行结果是否包含相应的输出）。

   b) P_b 作为零知识证明的证明方，以私有输入 x_b, r_b, δ_b 和公开电路 $\mathcal{C}[\pi_b, c_b, r'_b, T, t]$ 完成零知识证明。公开电路 $\mathcal{C}[\pi_b, c_b, r'_b, T, t]$ 的定义为：

   $\mathcal{C}[\pi, c, r', T, t](x, r, \delta)$：

   　　当且仅当 δ 是与 (x, r) 的承诺 c 对应的有效披露值，且 $t = \pi(x, r \oplus r', T)$ 时，返回 1。

图 6.1　应用于半诚实安全协议 π 上的 GMW 编译器

6.5.2　应用乱码电路构造零知识证明

Jawurek、Kerschbaum 和 Orlandi(JKO)基于乱码电路提出了一个非常优雅的零知识证明协议构造方案(Jawurek et al.，2013)。零知识证明是恶意安全 2PC 的一个特例，因此显然可以基于任意一个 2PC 切分选择协议构造零知识证明。然而，切分选择方法需要生成大量的乱码电路。与之相比，JKO 协议只需要生成一个乱码电路即可实现零知识证明。

方案的主要构造思想是用一个乱码电路完成求值和验证过程。在标准切分选择技术中，打开一个求值电路会泄漏乱码电路生成方的私有输入。然而，零知识证明协议中的验证方没有私有输入。因此，可以让验证方作为电路生成方。

假设证明方 P_1 希望证明 $\exists w : \mathcal{F}(w) = 1$，其中 $\mathcal{F}$ 是一个公开函数。JKO 协议执行过程如下：

1. 验证方 P_2 生成用于计算 $\mathcal{F}$ 的乱码电路，并将生成结果发送给证明方。

2. 证明方使用 OT 协议获得 w 所对应的输入导线标签。

3. 证明方对电路求值，得到（导线值 1 的）输出导线标签，并对该导线标签作出承诺。

4. 验证方打开乱码电路，证明方验证乱码电路是否正确。如果乱码电路是正确的，证明方打开输出导线标签的承诺。

5. 如果证明方可以成功打开输出导线标签的承诺，且输出导线标签与导线值 1 相关联，则证明方接受零知识证明。

注意到 P_1 在步骤 3 中对输出导线标签作出承诺时，乱码电路还没有被打开。如果 P_1 不知道可以让 $\mathcal{F}$ 输出 1 的输入，P_1 就很难在步骤 3 时预测输出导线标签的取值。因此，协议可以抵御恶意证明方的攻击。因为证明方只有在确认乱码电路正确之后才会披露乱码电路的输出，因此协议可以抵御恶意验证方的攻击。

因为此协议使用的乱码电路只需要提供认证性，不需要提供隐私性，所以此协议乱码表的生成开销要远小于标准姚氏乱码电路中乱码表的生成开销⊖。Zahur 等人（Zahur et al.，2015）证明，在不需要满足隐私性的乱码电路中应用半门技术，可将每个 AND 门的密文数量降低到 1，将 XOR 门的密文数量降低到 0。

6.6　可认证秘密分享：BDOZ 和 SPDZ

回想使用 Beaver 三元组实现基于秘密分享 MPC 的方法（3.4 节）。如果 Beaver 三元组和秘密分享方案满足：

1. 秘密份额满足加同态性。

⊖ 认证性和隐私性的定义来自 Bellare 等人（Bellare et al.，2012）的论文。认证性是指，已知乱码电路和输入导线标签的参与方只能计算得到唯一的输出导线标签，无法得到另一个有效的输出导线标签。隐私性是指，已知乱码电路、输入导线标签、输出导线标签和导线值映射表的参与方无法得到除输出导线值以外的任何其他信息。——译者注

2. 秘密份额在（恶意）攻击者的攻击下也可以成功隐藏对应的秘密值。

3. 即使存在恶意攻击者，也可以正确打开秘密份额中隐藏的秘密值。
   则此协议范式满足恶意安全性。

本节我们描述两个满足恶意安全性的秘密分享机制：BDOZ（6.6.1 节）和 SPDZ（6.6.2 节）。

6.6.1　BDOZ 可认证秘密分享

Bendlin-Damgård-Orlandi-Zakarias（称为 BDOZ 或 BeDOZa）技术（Bendlin et al.，2011）在秘密分享机制中引入了信息论安全的消息认证码（Message Authenticated Code，MAC）。令 $\mathbb{F}$ 为一个域，满足 $|\mathbb{F}| \geqslant 2^\kappa$，其中 κ 是一个安全参数。将 $K, \Delta \in \mathbb{F}$ 看作一个密钥，定义 $\mathsf{MAC}_{K,\Delta}(x) = K + \Delta \cdot x$。

$\mathsf{MAC}_{K,\Delta}(x)$ 是一个信息论安全的一次性 MAC$^{\ominus}$。获得某个 x 所对应 $\mathsf{MAC}_{K,\Delta}(x)$ 的攻击者无法为 $x' \neq x$ 生成另一个满足 $\mathsf{MAC}_{K,\Delta}(x')$ 的有效 MAC。事实上，如果攻击者可以计算得到满足条件的 MAC，则攻击者就可以计算得到 Δ：

$$(x - x')^{-1}(\mathsf{MAC}_{K,\Delta}(x) - \mathsf{MAC}_{K,\Delta}(x'))$$
$$= (x - x')^{-1}(K + \Delta x - K - \Delta x')$$
$$= (x - x')^{-1}(\Delta(x - x')) = \Delta$$

但 $\mathsf{MAC}_{K,\Delta}(x)$ 可以向攻击者完美隐藏 Δ。因此，计算出伪造 MAC 的概率上界为 $1/|\mathbb{F}| \leqslant 1/2^\kappa$，即攻击者最多有 $1/|\mathbb{F}| \leqslant 1/2^\kappa$ 的概率成功猜测出随机选择的域元素 Δ。

实际上，即使某一个诚实参与方拥有很多 MAC 密钥，且这些 MAC 密钥共享相同的 Δ，相应的 MAC 也满足安全性要求（但需要均匀随机、相互独立地选取 K 的值）。我们称 Δ 为全局 MAC 密钥，K 为本地 MAC 密钥。

BDOZ 的思想是用这些信息论安全的 MAC 认证各个参与方的秘密份额。我们从 2PC 的场景入手。每个参与方 P_i 均生成一个全局 MAC 密钥

⊖　一次性 MAC 是指，持有 MAC 密钥的参与方只能使用此 MAC 密钥生成一个 MAC。——译者注

Δ_i。令 $[x]$ 表示各个参与方分别持有 x 的可认证秘密份额,其中 P_1 持有 x_1, m_1 和 K_1, P_2 持有 x_2, m_2 和 K_2,且满足:

1. $x_1 + x_2 = x$(x_1 和 x_2 是 x 的加法秘密份额)。
2. $m_1 = K_2 + \Delta_2 x_1 = \text{MAC}_{K_2, \Delta_2}(x_1)$($P_1$ 持有用 P_2 的 MAC 密钥认证的秘密份额 x_1)。
3. $m_2 = K_1 + \Delta_1 x_2 = \text{MAC}_{K_1, \Delta_2}(x_2)$($P_2$ 持有用 P_1 的 MAC 密钥认证的秘密份额 x_2)。

我们接下来要论证的是,此秘密分享机制满足 Beaver 三元组范式对秘密分享机制的要求(3.4 节):

- 隐私性:各个参与方都无法得到 x 的任何信息,原因是各个参与方仅持有加法秘密份额 x_p,且如果不知道另一个参与方的 MAC 密钥(此 MAC 密钥也永远不会向参与方披露),m_p 也不会泄漏 x 的任何信息。
- 可打开性:为打开一个可认证秘密值,各个参与方对外宣布自己的 (x_p, m_p),使两个参与方均得到 $x = x_1 + x_2$。随后,P_1 可以用自己的 MAC 密钥验证 $m_2 = \text{MAC}_{K_1, \Delta_1}(x_2)$ 是否成立。如果等式不成立,则 P_1 中止协议。P_2 也用类似的方法验证 m_1。请注意,如果打开的可认证秘密值与真实秘密值不相等,则一次性 MAC 一定无法通过验证。
- 加同态性:此技术的核心思想是,当方案中同一个参与方的所有 MAC 使用的都是同一个 Δ,则 MAC 也满足所要求的加同态性,即:

$$\text{MAC}_{K, \Delta}(x) + \text{MAC}_{K', \Delta}(x') = \text{MAC}_{K+K', \Delta}(x+x')$$

这里我们主要考虑的是对可认证秘密份额求和,即 $[x] + [x']$;如果要求满足其他同态性质,实现方法也是类似的。表 6.2 给出了 $[x]$、$[x']$ 和 $[x+x']$ 的 BDOZ 可认证秘密份额形式。

表 6.2 BDOZ 可认证秘密分享

可认证秘密分享	P_1 持有的可认证秘密份额	P_2 持有的可认证秘密份额
$[x]$	x_1 K_1 $\text{MAC}_{K_2, \Delta_2}(x_1)$	x_2 K_2 $\text{MAC}_{K_1, \Delta_1}(x_2)$

（续）

可认证秘密分享	P_1 持有的可认证秘密份额	P_2 持有的可认证秘密份额
$[x']$	x_1' K_1' $\mathrm{MAC}_{K_2', \Delta_2}(x_1')$	x_2' K_2' $\mathrm{MAC}_{K_1', \Delta_1}(x_2')$
$[x+x']$	x_1+x_1' K_1+K_1' $\mathrm{MAC}_{K_2+K_2', \Delta_2}(x_1+x_1')$	x_2+x_2' K_2+K_2' $\mathrm{MAC}_{K_1+K_1', \Delta_1}(x_2+x_2')$

很容易将 BDOZ 方法推广到 n 个参与方的场景（但方案的性能开销较大）。所有参与方均持有各自的全局 MAC 密钥。在单个可认证秘密份额 $[x]$ 中，每个参与方分别持有 x 的加法秘密份额，且每个参与方的秘密份额需经过所有其他参与方 MAC 密钥的认证。

生成三元组。BDOZ 秘密分享方案满足 Beaver 三元组抽象方法所需要的安全性和同态性。剩下的问题是如何按照此格式生成 Beaver 三元组。

需要注意到的是，即使相应参数（即可认证秘密份额 $[x]$ 中的真实值 x）被限制在 $\mathbb{F}$ 的子域中，BDOZ 秘密分享方案仍然满足相应的性质。此时，$[x]$ 的可认证秘密份额在对应子域中满足同态性。利用这一性质将域 $\{0,1\}$ 看作 $\mathbb{F}=\mathrm{GF}(2^{\kappa})$ 中的一个子域，从而逐比特地构造 BDOZ 可认证秘密份额。请注意，$\mathbb{F}$ 阶的大小必须为指数级，这样才能保证方案的安全性（可认证性）。

逐比特构造 BDOZ 可认证秘密份额的最先进方法是使用 Tiny-OT（Nielsen et al.，2012）。此方法在传统 OT 扩展协议（3.7.2 节）的基础上构造了一个变种协议，用这一变种协议生成 BDOZ 中的可认证比特 $[x]$。随后，此方法使用一系列协议将可认证比特逐个相乘，最终生成所需要的 Beaver 三元组可认证秘密份额。

6.6.2　SPDZ 可认证秘密分享

在 BDOZ 秘密分享方案中，每个参与方本地持有的 $[x]$ 都包含由其他参与方生成的 MAC。换句话说，协议的存储复杂度随参与方数量的增加而线性增长。为解决此问题，Damgård、Pastro、Smart 和 Zakarias（SPDZ，一般把此缩写读作英文单词"speeds"的发音）（Damgård et al,2012b)提出了一个新的方案，将各个参与方可认证秘密份额的存储复杂度降低为常数级。

我们同样从 2PC 的场景入手。SPDZ 方案的核心思想是设置一个全局MAC 密钥 Δ，但任何参与方都无法得到这个全局 MAC 密钥。相反，两个参与方分别持有 Δ_1 和 Δ_2，可将其看作全局 MAC 密钥 $\Delta = \Delta_1 + \Delta_2$ 的秘密份额。在 SPDZ 可认证秘密份额 $[x]$ 中，P_1 持有 (x_1, t_1)，P_2 持有 (x_2, t_2)，其中 $x_1 + x_2 = x$，且 $t_1 + t_2 = \Delta \cdot x$。因此，两个参与方分别持有 x 和 $\Delta \cdot x$ 的加法秘密份额。我们可以把 $\Delta \cdot x$ 看作"零次性信息论安全的 MAC"$^{\ominus}$。

SPDZ 秘密分享方案显然可以为 x 提供隐私保护。我们接下来要说明的是，SPDZ 秘密分享方案也满足 Beaver 三元组所需要的其他两个性质：

- **可打开性**：参与方不能直接公布他们的可认证秘密份额，因为那样会泄漏 Δ。在 SPDZ 方案中，保证 Δ 在整个协议计算过程中的机密性对协议的安全性来说至关重要。为了在不泄漏 Δ 的条件下打开 $[x]$，协议要分 3 个阶段打开 $[x]$：

  1. 参与方只对外公布 x_1 和 x_2。可以用这两个秘密份额决定 x 的候选值（但此 x 尚未被认证）。

  2. 请注意，如果 x 的候选值是正确的，则

$$(\Delta_1 x - t_1) + (\Delta_2 x - t_2) = (\Delta_1 + \Delta_2) x - (t_1 + t_2)$$
$$= \Delta x - (\Delta x)$$
$$= 0$$

  此外，P_1 可以通过本地计算得到第一项 $(\Delta_1 x - t_1)$，P_2 可以通过本地计算得到第二项 $(\Delta_2 x - t_2)$。随后，P_1 对 $\Delta_1 x - t_1$ 作出承诺，P_2 对 $\Delta_2 x - t_2$ 作出承诺。

  3. 参与方打开承诺值，如果承诺值的和不等于 0，则参与方中止协

议。请注意，如果其中一个参与方不对 $(\Delta_i x - t_i)$ 作出承诺，仅公布 $(\Delta_i x - t_i)$ 的值，则另一个参与方可以选择适当的 $(\Delta_i x - t_i)$，使求和结果等于 0。SPDZ 方案应用承诺协议迫使参与方必须提前计算得到 $(\Delta_i x - t_i)$。

注意到，当 P_1 对某个 c 作出承诺时，P_1 期望 P_2 能对 $-c$ 作出承诺。换句话说，很容易在理想世界中完成打开步骤中承诺协议的仿真过程。这意味着打开步骤满足安全性要求，不会泄漏 Δ 的任何信息。

可以证明，如果恶意参与方可以成功将 $[x]$ 打开为另一个不同的 x'，则此参与方就能够猜测出 Δ。由于攻击者无法获得 Δ 的任何信息，此事件发生的概率是可忽略的。

- **加同态性**：在 SPDZ 可认证秘密份额 $[x]$ 中，参与方分别持有 x 和 $\Delta \cdot x$ 的加法秘密份额。由于这两个秘密份额分别满足加同态性，因此 SPDZ 可认证秘密份额自然支持同态加法和同态常量乘法。

  各参与方在进行同态常量加法时，也会用到 Δ 秘密份额的加同态性。具体来说，参与方在本地更新 $x \mapsto x + c$，并更新 $\Delta x \mapsto \Delta x + \Delta c$。表 6.3 更详细地说明了具体的计算过程。

表 6.3　SPDZ 可认证秘密分享

可认证秘密分享	P_1 持有的可认证秘密份额	P_2 持有的可认证秘密份额	P_1 和 P_2 可认证秘密份额的和
$[x]$	x_1 t_1	x_2 t_2	x Δx
$[x+c]$	$x_1 + c$ $t_1 + \Delta_1 c$	x_2 $t_2 + \Delta_2 c$	$x+c$ $\Delta(x+c)$

生成 SPDZ 可认证秘密份额。SPDZ 秘密分享方案同样满足 Beaver 三元组抽象方法所需要的性质。剩下的问题是如何按照 SPDZ 可认证秘密份额的格式生成 Beaver 三元组。最开始提出 SPDZ 方案的论文（Damgård et al.，2012b）给出了一个应用部分同态加密方案生成 SPDZ 可认证秘密份额的方法。后续工作（Keller et al.，2016）建议基于高效 OT 扩展协议生成 SPDZ 可认证秘密份额。

6.7   可认证乱码电路

Wang 等人(Wang et al.，2017b)提出了一种应用于 MPC 的可认证乱码电路技术，此技术充分结合了信息论安全 MPC 协议(如可认证秘密分享和 Beaver 三元组技术)和计算安全 MPC 协议(如乱码电路和 BMR 电路生成)的特点。为简单起见，我们只在 2PC 的场景下描述此协议，很容易将大部分技术(而不是所有技术)推广到 MPC 的场景下 (Wang et al.，2017c)。

从另一种视角分析逐比特可认证秘密分享。 我们用 BDOZ 方案逐比特生成可认证秘密份额。回想一下，2PC 场景下的 BDOZ 可认证秘密份额 $[x]$ 中包含下述信息：

可认证秘密分享	P_1 持有的可认证秘密份额	P_2 持有的可认证秘密份额
$[x]$	x_1 K_1 $T_1 = K_2 \oplus x_1 \Delta_2$	x_2 K_2 $T_2 = K_1 \oplus x_2 \Delta_1$

由于我们将 x, x_1, x_2 看作比特串，因此相应的运算都在域 $\mathbb{F} = GF(2^\kappa)$ 中进行。我们用 $\oplus$ 表示域加法运算。一个有趣的观察结论是：

$$\underbrace{(K_1 \oplus x_1 \Delta_1)}_{P_1 \text{的已知量}} \oplus \underbrace{(K_1 \oplus x_2 \Delta_1)}_{P_2 \text{的已知量}} = (x_1 \oplus x_2) \Delta_1 = x \Delta_1$$

因此，BDOZ 可认证秘密份额 $[x]$ 的一个副作用是使参与方持有 $x\Delta_1$ 的加法秘密份额，其中 Δ_1 是 P_1 的全局 MAC 密钥。

分布式生成乱码电路。 考虑一个电路生成方为 P_1 的乱码电路。P_1 为此电路的每一条导线 i 选择导线标签 k_i^0, k_i^1。与 3.1.2 节的符号表示方法有所不同，我们令 k_i^b 的上标 b 表示此条导线标签所对应的公开"标识置换"标识比特(求值方可以从密文中直接得到 b)，不再是导线标签所对应的导线值。我们令 p_i 表示实际的标识比特，因此 $k_i^{p_i}$ 表示导线值为 0 的导线标签[⊖]。

我们重点关注输入导线为 a 和 b、输出导线为 c 的一个 AND 门。如果用新的符号表示方法来描述标准乱码电路的构造方式，我们会得到下述乱码表：

$$e_{0,0} = H(k_a^0 \parallel k_b^0) \oplus k_c^{p_c \oplus p_a \cdot p_b}$$

$$e_{0,1} = H(k_a^0 \parallel k_b^1) \oplus k_c^{p_c \oplus p_a \cdot \overline{p_b}}$$

$$e_{1,0} = H(k_a^1 \parallel k_b^0) \oplus k_c^{p_c \oplus \overline{p_a} \cdot p_b}$$

$$e_{1,1} = H(k_a^1 \parallel k_b^1) \oplus k_c^{p_c \oplus \overline{p_a} \cdot \overline{p_b}}$$

应用 FreeXOR 技术，则有 $k_i^1 = k_i^0 \oplus \Delta$，其中 Δ 是一个全局不变的参数。在这种情况下，我们可以将乱码表重新表示为：

$$e_{0,0} = H(k_a^0 \parallel k_b^0) \oplus k_c^0 \oplus (p_c \oplus p_a \cdot p_b)\Delta$$

$$e_{0,1} = H(k_a^0 \parallel k_b^1) \oplus k_c^0 \oplus (p_c \oplus p_a \cdot \overline{p_b})\Delta$$

$$e_{1,0} = H(k_a^1 \parallel k_b^0) \oplus k_c^0 \oplus (p_c \oplus \overline{p_a} \cdot p_b)\Delta$$

$$e_{1,1} = H(k_a^1 \parallel k_b^1) \oplus k_c^0 \oplus (p_c \oplus \overline{p_a} \cdot \overline{p_b})\Delta$$

可认证乱码电路的主要思想之一就是让两个参与方以分布式的形式构造上述乱码门，使任意一个参与方都无法得到标识比特 p_i 的值。

假设两个参与方只拥有形式为 $[p_a]$，$[p_b]$，$[p_a \cdot p_b]$，$[p_c]$ 的 BDOZ 可认证秘密份额，任意一个参与方都无法得到 p_i 的明文值。进一步假设 P_1 已选择好乱码电路的导线标签，且满足 $\Delta = \Delta_1$（即 Δ 等于 BDOZ 中 P_1 的全局 MAC 密钥）。这样一来，两个参与方分别持有 $p_a\Delta$、$p_b\Delta$、$(p_a \cdot p_b)$ Δ、$p_c\Delta$ 的加法秘密份额。他们可以利用加法秘密份额的加同态性在本地计算得到 $(p_c \oplus p_a \cdot p_b)\Delta$、$(p_c \oplus p_a \cdot \overline{p_b})\Delta$、$p_c \oplus \overline{p_a} \cdot p_b$、$p_c \oplus \overline{p_a} \cdot \overline{p_b}$ 的秘密份额。

观察乱码表中的第一个密文，我们可以看到：

$$e_{0,0} = \underbrace{H(k_a^0 \parallel k_b^0) \oplus k_c^0}_{P_1 \text{的已知量}} \oplus \underbrace{(p_c \oplus p_a \cdot p_b)\Delta}_{\text{参与方持有加法秘密份额}}$$

因此，两个参与方只需要通过本地计算（只需要让 P_1 于本地在秘密份额中

⊖　相对地，$k_i^{\overline{p_i}}$ 表示导线值为 1 的导线标签。——译者注

加上仅自己知道的一个已知量)就可以得到乱码表中 $e_{0,0}$ 及其他所有行的加法秘密份额。

总之,分布式生成乱码电路的工作原理是:为电路中的每条导线随机生成满足 BDOZ 可认证秘密份额格式的随机标识比特 $[p_i]$,为电路中的每个 AND 门生成满足 BDOZ 可认证秘密份额格式的 Beaver 三元组 $[p_a]$,$[p_b]$,$[p_a \cdot p_b]$。随后,两个参与方只需要通过本地计算就可以得到乱码电路的加法秘密份额,且乱码表以 p_i 作为标识比特。P_1 将乱码电路的秘密份额发送给 P_2,P_2 打开秘密份额后对电路求值。

对乱码电路进行认证。在姚氏乱码电路协议中,电路生成方 P_1 可以生成一个错误的乱码电路来实现作弊。在可认证乱码电路协议中,P_1 也可以向 P_2 发送错误的加法秘密份额。例如,P_1 可以将某个门中"正确的"$e_{0,0}$ 替换为一个错误的值,其他三个值保持不变。在这种情况下,只要此门的输入为 (p_a, p_b),P_2 计算得到的就是一个错误的导线标签。即使 P_2 能够发现这一点并中止协议,在标准乱码电路协议中这也将导致选择性中止攻击。通过观察 P_2 是否中止协议,P_1 可以得知此门的输入是否为 (p_a, p_b)。

然而,对于分布式生成的乱码电路来说这并不是一个问题。虽然当且仅当此门的输入为 (p_a, p_b) 时 P_2 才会中止协议,但 P_1 无法得到 p_a,p_b 的任何信息。向 P_1 隐藏标识比特将导致 P_2 中止协议的概率与 P_2 的输入相互独立!

构造包含秘密标识比特的乱码电路将使方案在 P_1 攻击时满足隐私性要求。然而,P_1 仍然可以破坏计算结果的正确性。例如,P_1 可以翻转电路中某个门对应的标识比特 $p_c \oplus p_a \cdot p_b$。为了解决这个问题,Wang 等人 (Wang et al.,2017b)发现,各参与方拥有的是标识比特 p_i 的 BDOZ 可认证秘密份额,而这些 BDOZ 可认证秘密份额将保证 P_2 在电路求值过程中总可以得到"正确的"标识比特。举例来说,如果某个 AND 门输入导线的标识比特为 $(0, 0)$,则输出导线的正确标识比特应为 $p_c \oplus p_a \cdot p_b$。而只要能保证 P_2 总能得到正确的标识比特,就能保证计算结果的正确性。如前所述,各参与方可以获得 $p_c \oplus p_a \cdot p_b$ 的 BDOZ 可认证秘密份额。我们可以进一步扩充乱码电路,使乱码表中每个数据项不仅包含输出导线标签,还包含"正确"输出导线标签的标识比特中属于 P_1 的 BDOZ 可认证秘密份额。BDOZ 可认证秘密分享将保证 P_1 无法让 P_2 得到与 p_i 取值不一致的标识比特，如果 P_2 得到错误的标识比特，就会中止协议。当 P_2 对电路求值时，需要验证每个门标识比特的 MAC 值是否有效。

此协议可以显著降低计算开销。Wang 等人（Wang et al.，2017b）实现了基于可认证乱码电路的恶意安全协议，并分别在局域网和广域网环境下测试了协议的执行性能。在 10Gbit/s 的局域网环境下，此协议每秒可对800 000 个 AND 门求值，完成单次两方安全 AES 加密的时间开销为 16.6 毫秒（在线阶段的时间开销为 0.93 毫秒）。在广域网环境下，相应的时间开销为 1.4 秒（在线阶段的时间开销为 77 毫秒）。在批处理场景下完成 1024 次 AES 加密，单次平摊加密时间可降低到 6.66 毫秒（广域网下为 113 毫秒）。我们感受一下 MPC 协议执行性能的提升量级。2010 年，在局域网环境下执行半可信 AES 加密协议的总时间最快仅能达到 3300 毫秒（Henecka et al.，2010）。这意味着经过了短短八年的时间，执行恶意安全协议所需要的时间仅为八年前最佳半可信协议的执行时间的 $\frac{1}{200}$！

6.8 延伸阅读

在密码学文献中，切分选择机制最开始提出的时候只有方案，但没有安全性证明，更像是一个拍脑袋的不科学的技术。Mohassel 和 Franklin（Mohassel and Franklin，2006）与 Kiraz 和 Schoenmakers（kiraz and Schoenmakers，2006）分别在论文中提出了不同的切分选择机制，但并没有给出机制的安全性证明。Lindell 和 Pinkas（Lindell and Pinkas，2007）第一次提出了包含完整安全性证明的切分选择协议。

我们在本章中描述的切分选择机制来自 Lindell 和 Pinkas 的论文（Lindell and Pinkas，2007），此机制可以抵御选择性中止攻击。Kiraz 和 Schoenmakers（Kiraz and Schoenmakers，2006）首次准确定义了选择性中止攻击。他们对 OT 协议进行了修改，提出了被称为承诺 OT 的变种 OT 协议，并应用这一技术构造出可抵御选择性中止攻击的安全协议。

针对切分选择机制的输入一致性问题，我们在本章中仅介绍了 Shelat 和 Shen(Shelat and Shen，2011)提出的解决方案。学者们还提出了很多解决输入一致性问题的方案(Lindell and Pinkas，2007；Lindell and Pinkas，2011；Mohassel and Riva，2013；Shelat and Shen，2013)。

我们描述了实现可认证秘密分享的 BDOZ 技术和 SPDZ 技术。学者们还提出了很多可认证秘密分享的构造方法(Damgård and Zakarias，2013；Damgård et al.，2017)。Keller 等人(Keller et al.，2016；Keller et al.，2018)讨论了基于 SPDZ 技术生成可认证秘密分享的多种高效变种方法。

GMW 编译器可将半诚实安全协议转换为恶意安全协议。然而，此转换方案得到的协议实际执行效率一般都非常低，原因在于 GMW 编译器没有把半诚实安全协议作为黑盒使用。参与方必须(零知识)证明其正确执行了半诚实安全协议的"下一条消息"函数。如果完成这一证明，一般都需要把"下一条消息"函数用电路形式描述。Jarecki 和 Shmatikov(Jarecki and Shmatikov，2007)提出了姚氏乱码电路协议的恶意安全变种协议。此协议的基本思想和 GMW 编译器有些相似，电路生成方需要证明每一个乱码门生成结果的正确性(每个门的证明都要用到多次公钥密码学操作)。

一种将半诚实安全协议转换为恶意安全协议的黑盒方法称为"冥想 MPC"(MPC in the Head)(Ishai et al.，2007；Ishai et al.，2008)。此方法的基本思想是让实际参与方想象出一个由"虚拟"参与方执行的交互协议。实际参与方需要执行实现虚拟参与方行为的 MPC 协议，而不是执行实现某特定功能函数的 MPC 协议。然而，用于仿真虚拟参与方行为的 MPC 协议只需要满足较弱的安全性要求(请注意，"冥想 MPC"的目标是要实现恶意安全协议)，虚拟参与方之间运行的协议只需要满足半诚实安全性要求。对于零知识证明这一特殊的 MPC 协议，通过"冥想 MPC"方法构造出的协议是目前为止性能最优的(Giacomelli et al.，2016；Chase et al.，2017；Ames et al.，2017；Katz et al.，2018)。

第7章

其他威胁模型

本章我们将考虑一些其他的安全假设，使 MPC 协议能更好地在安全与性能之间进行权衡。首先，我们对任意数量的参与方都可能不诚实的这一假设进行弱化，考虑只有当多数参与方的行为都诚实时才提供安全性的 MPC 协议。多数诚实假设可以极大地改进协议的性能。随后，我们考虑可以替代 MPC 标准半诚实攻击模型和恶意攻击模型的其他安全模型，但仍然假设任意数量的参与方都可能被攻陷。正如前一章所讨论的，可以将满足半诚实安全性的协议增强为满足恶意安全性的协议，但这种转换会引入巨大的开销，使得协议无法在实际中使用。与此同时，实际应用场景也能为协议提供更细粒度的性能和安全约束。这促使研究人员进一步开展对安全模型的研究，使安全模型能在安全和性能之间提供更丰富的选择。7.1节将讨论基于多数诚实参与方假设设计的协议。7.2 节将讨论参与方之间信任不对等的场景。本章剩余部分还将介绍其他一些协议。这些协议都是从实际应用场景出发设计的，旨在为应用程序提供更好的安全与性能权衡。

7.1 多数诚实假设

到目前为止，我们已经考虑了可抵御任意数量攻陷参与方攻击的安全协议。由于协议安全性的核心目的是保护诚实的参与方，因此最坏的情况

是 n 个参与方中有 $n-1$ 个参与方都被攻陷[⊖]。在 2PC 场景下，唯一合理的安全假设是认为其中一个参与方可能被攻陷。

然而，在多参与方场景下，考虑攻击者无法攻陷任意数量参与方的安全假设一般也是合情合理的。一个自然而然想到的攻陷参与方数量阈值是多数诚实（Honest Majority），即在 n 个参与方的场景下，攻击者可攻陷的参与方数量严格小于 $\frac{n}{2}$。此阈值之所以合理的一个主要原因是，在多数诚实假设下可以为任意功能函数构造信息论安全的 MPC 协议（Ben-Or et al.，1988；Chaum et al.，1988），而如果攻陷参与方数量达到 $\lceil n/2 \rceil$，则存在一些功能函数，我们无法为这些功能函数构造信息论安全的 MPC 协议。

7.1.1　在乱码电路的基础上构造多数诚实协议

姚氏乱码电路协议（3.1 节）可以提供半诚实安全性。但要使此协议能抵御恶意攻击者的攻击，需要对协议进行大量的修改，且要引入较高的计算和通信开销（6.1 节）。

Mohassel 等人（Mohassel et al.，2015）提出了一个简单的姚氏乱码协议的三参与方变种协议。当恶意攻击者最多可攻陷一个参与方时，此协议可以满足恶意安全性要求（也就是说，此协议假设多数诚实性）。回想一下，使姚氏乱码电路协议可抵御恶意攻击者攻击的主要挑战是保证电路生成方可以生成正确的乱码电路。Mohassel 等人（Mohassel et al.，2015）协议的主要思想是让两个参与方 P_1，P_2 作为电路生成方，让另一个参与方 P_3 作为电路求值方。首先，P_1 和 P_2 一起协商出生成乱码电路所使用的随机量。随后，P_1 和 P_2 用相同的随机量生成指定的乱码电路，并将生成结果发送给 P_3。根据多数诚实假设，最多有一个电路生成方会被攻陷，因此至少有一个电路生成方是诚实的。这样一来，P_3 只需要验证两个电路生成方发送

⊖　我们只考虑静态性安全性，即在协议开始执行前，攻击者就一次性选择好全部的攻陷参与方。也可以考虑适应性安全性，即在协议的执行过程中，任何参与方随时都可能被攻陷。在适应性安全性场景中，考虑任何参与方（最终）都被攻陷的情况确实也有其实际意义。

来的电路是否是相同的。这可以保证电路生成方可以生成(唯一)正确的乱码电路。协议其他部分(如获得输入导线标签)也采用类似的办法抵御恶意攻击者的攻击,只需要验证两个电路生成方的响应是否一致即可。

三参与方场景的另一个优点是不需要像 2PC 场景那样执行 OT 协议。P_1 和 P_2 不需要再通过 OT 协议向 P_3 传输输入导线标签,我们可以让 P_3 秘密分享自己的输入,将两个秘密份额(以明文形式!)分别发送给 P_1 和 P_2。两个电路生成方可以将秘密份额所对应的输入导线标签返回给 P_3。P_3 先通过秘密份额重构出输入导线标签,再执行后续的计算任务。这里需要用一些方法来确保 P_1 和 P_2 必须将正确的输入导线标签发送给 P_3(Mohassel 等人(Mohassel et al.,2015)在论文中给出了具体的方法)。总的来说,最终的协议去掉了所有的 OT 协议,只通过轻量级的对称密码学操作来构造协议。

学者们对 Mohassel 等人(Mohassel et al.,2015)的协议进行了扩展,使其进一步满足如公平性(如果攻击者可以得到输出,则诚实参与方均可以得到输出)、保证输出交付性(所有诚实参与方都可以得到输出)等其他性质(Patra and Ravi,2018)。Chandran 等人(Chandran et al.,2017)对协议进行了扩展,使协议可以在 n 个参与方参与的条件下抵御大约 $\sqrt{n}$ 个攻陷参与方的攻击。

7.1.2　三方秘密分享

在多数诚实三参与方场景下可以设计出目前性能最优的通用 MPC 协议。这些协议之所以性能极高,是因为协议的通信复杂度极低。在某些情况下,电路中的每个门只需要 1 比特的通信量!

应用 Ben-Or 等人(Ben-Or et al.,1988)和 Chaum 等人(Chaum et al.,1988)的经典协议,可以在多数诚实假设下为任意功能函数构造出信息论安全的 MPC 协议。在这些协议中,电路的每条导线都关联一个值 v,协议的固定范式是让各参与方共同持有 v 的加法秘密份额。与 3.4 节的符号表示方法相同,令 $[v]$ 表示 v 的秘密份额。对于加法门 $z = x + y$,根据秘密分享方案的加同态性,参与方在本地即可通过秘密份额 $[x]$ 和 $[y]$ 计算得到秘密份额$[x+y]$。然而，需要进行交互和通信才能对乘法门求值，即根据秘密份额$[x]$和$[y]$计算得到秘密份额$[xy]$。

在 3.4 节中，我们讨论了如何使用预处理好的$[a],[b],[ab]$三元组实现乘法电路求值。我们也可以在协议执行期间（而不是在预处理阶段）直接对乘法电路求值。例如，Ben-Or 等人（Ben-Or et al.，1988）应用 Shamir 秘密分享方案生成秘密份额$[v]$，在对乘法电路求值时，参与方执行一个子协议，将各自的秘密份额$[v]$作为秘密值进行秘密分享，生成对应的秘密份额后，再把结果线性合并起来。

本节介绍的协议遵循上述通用范式，并在三参与方中有一方被攻陷（"3选1"场景）这一高度定制化的场景下设计协议。在这种场景下，生成秘密份额的方法和对应的 MPC 子协议都可以得到大幅度的优化。

Bogdanov 等人（Bogdanov et al.，2008）的 Sharemind 协议是第一个在3 选 1 场景下设计并实现的高性能 MPC 协议。一般来说，可以在 3 选1 场景下使用阈值为 2 的秘密分享方案（这意味着可以用任意 2 个秘密份额恢复出真实值）。不过，Sharemind 协议使用的仍然是 3 选 3 加法秘密分享方案，$[v]$中参与方 P_i 持有值 v_i，满足 $v=v_1+v_2+v_3$（秘密份额和真实值都属于某个适当的环，如对应布尔电路的环$\mathbb{Z}_2$）。这样一来，各个参与方执行的乘法子协议就简单多了，每个参与方只需要发送 7 个环元素。

Launchbury 等人（Launchbury et al.，2012）给出了另一种实现方法。用此方法对乘法门求值时，每个参与方只需要发送 3 个环元素。此外，该协议采用环状通信模式，即唯一的通信方向为 $\mathsf{P}_1 \rightarrow \mathsf{P}_2 \rightarrow \mathsf{P}_3 \rightarrow \mathsf{P}_1$。乘法协议背后的原理如下所述。假设两个明文值 x 和 y 被加法秘密分享方案分享为$x=x_1+x_2+x_3$ 和 $y=y_1+y_2+y_3$，参与方 P_i 持有 x_i,y_i。如果想计算 x 乘以 y，只需要计算 $a,b\in\{1,2,3\}$ 中所有的 $x_a \cdot y_b$ 项。P_i 已经有足够的信息计算得到 $x_i \cdot y_i$，问题是计算出其他的项。然而，如果每个 P_i 都将自己的秘密份额发送到通信环路中（即 P_1 发送给 P_2、P_2 发送给 P_3、P_3 发送给 P_1），则一定存在能计算 $x_a \cdot y_b$ 项的某个参与方。各参与方现在分别持有两个 x_i 的秘密份额和两个 y_i 的秘密份额。因为我们使用的是 3 选 3 秘密分享方案，因此当只有一个参与方被攻陷时，协议仍然可以对攻陷参与方完美隐藏 x 和 y 的值。唯一的问题是 xy 的秘密份额与 x 和 y 的秘密份额存在一定的相关性，有必要解耦相关性。为此，各参与方生成一个 0 的随机加法秘密份额，并在(非随机的)xy 秘密份额中加上这个秘密份额。

Araki 等人(Araki et al.，2016)提出了一个秘密分享方案。此方案是复制秘密共享方案(Replicated Secret Sharing)$^{\ominus}$的一个变种方案。真实值 v 对应的秘密份额定义为：

$$\mathsf{P}_1 \text{ 持有}(x_1, x_3 - v) \quad \mathsf{P}_2 \text{ 持有}(x_2, x_1 - v) \quad \mathsf{P}_3 \text{ 持有}(x_3, x_2 - v)$$

其中 x_i 是 0 的随机秘密份额，即 $0 = x_1 + x_2 + x_3$。Araki 等人提出了一个乘法子协议，每个参与方在子协议执行过程中只需要(按上文描述的环状通信模式)发送一个环元素$^{\ominus}$。此协议实现通信量最小化的方法之一是乘法子协议可以在不需要任何交互的条件下生成乘法子协议中所需的随机量。假设我们有三个密钥 k_1, k_2, k_3，其中 P_1 持有(k_1, k_2)、P_2 持有(k_2, k_3)、P_3 持有(k_3, k_1)。参与方可以用这三个密钥调用 PRF，在非交互条件下生成无穷多个 0 的随机秘密份额。第 i 个 0 的秘密份额生成过程为：

- P_1 计算 $s_1 = F_{k_1}(i) - F_{k_2}(i)$。
- P_2 计算 $s_2 = F_{k_2}(i) - F_{k_3}(i)$。
- P_3 计算 $s_3 = F_{k_3}(i) - F_{k_1}(i)$。

这里 F 是一个 PRF，可以输出属于指定域的伪随机数。显然 $s_1 + s_2 + s_3 = 0$，满足我们的预期，并且单个攻陷参与方得到的秘密份额确实是一个随机数。Araki 等人(Araki et al.，2016)的乘法子协议用到的随机量只有这些 0 的随机秘密份额。

通信量最小化使得 Araki 等人(Araki et al.，2016)的协议执行开销非常低。Araki 等人(Araki et al.，2016)的实验结果指出，此协议每秒可以

$\ominus$ 复制秘密分享方案是指，真实值所对应的秘密份额包含多个元素。在 Launchbury 等人 (Launchbury et al.，2012)方案的乘法子协议中，各参与方持有的 xy 秘密份额分别为 $(x_1 y_1, x_1 y_2, x_2 y_1, x_2 y_2)$、$(x_1 y_1, x_1 y_3, x_3 y_1, x_3 y_3)$、$(x_2 y_2, x_2 y_3, x_3 y_2, x_3 y_3)$，本质上属于复制秘密分享方案。——译者注

$\ominus$ Araki 等人的协议可以成立的条件是数字 3 在环中是可逆的。特别地，可以用 Araki 等人的协议实现 $\mathbb{Z}_2$ 下或 $\mathbb{Z}_{2^k}$ 下的布尔算术电路运算。

对 70 个门求值。这种性能结果足以将 Kerberos[⊖]认证服务器替换为执行 MPC 协议的三方服务器，任何一个单独的服务器都无法获得用户的口令，三方服务器可以支持每秒 35 000 个登录请求。

上述协议都可以抵御单个半诚实攻陷参与方的攻击。Furukawa 等人 (Furukawa et al.，2017)对 Araki 等人(Araki et al.，2016)的协议进行了扩展，展示了如何(在布尔电路计算环境下)构造出可抵御单个恶意参与方攻击的协议。他们的协议应用了 3.4 节中介绍的 Beaver 三元组方法，通过生成乘法三元组 $[a]$，$[b]$，$[ab]$ 实现乘法子协议。这些三元组使用了 Araki 等人(Araki et al.，2016)的秘密分享技术。生成这些三元组的协议也是基于 Araki 等人(Araki et al.，2016)乘法子协议构造的。这里要用到 Araki 等人(Araki et al.，2016)乘法子协议中的一个重要性质：单个攻陷参与方无法让乘法门输出一个无效的秘密份额，只能翻转(有效)秘密份额所对应的真实值(因为 Furukawa 等人(Furukawa et al.，2017)的协议只在单比特的布尔电路中使用)。因此，对于用这种方式生成的任意三元组来说，攻击者只能让此三元组满足 $[a]$，$[b]$，$[ab]$ 或 $[a]$，$[b]$，$[\overline{ab}]$ 的形式。基于此观察结果，可以让参与方对三元组进行"交叉验证"，确保各参与方生成正确的乘法三元组。

7.2   非对等信任模型

尽管标准模型假设所有参与方都是互不信任的，但很多真实场景下的信任关系是不对称的。例如，我们考虑下述应用场景。参与 2PC 的两个参与方中，有一个参与方是国际知名企业，如银行(用 P_1 表示)。P_1 为另一个不太可信的银行客户 P_2 提供服务。在这种场景下，P_1 不太可能违反协议规范主动作弊可能是一个合理的假设。事实上，银行现在享受着客户的完全信任，银行可以直接明文处理客户的全部数据。客户不依靠密码学机

⊖   Kerberos 是一种身份认证协议，允许某一实体在非安全网络环境下向另一个实体安全地证明自己的身份。——译者注

制，而是更愿意依靠已有的监管和法律体系以及银行的长期声誉为背书，相信银行会保护他们的资金和交易信息。现今，我们不仅信任银行可以正确地执行客户所要求的交易行为，我们还信任银行不会滥用我们的数据，保证用户数据的机密性。

　　然而，虽然可以相信银行不会作恶，但是一部分谨小慎微的客户仍然会希望自己保留特定的隐私信息，通过 MPC 协议和银行执行交易。客户之所以这样做，可能有很多种原因。第一种原因是无意识的信息泄漏。和其他企业一样，银行也可能是网络攻击的目标，存储在银行中的数据很有可能被攻击者窃取。存储在银行中的客户数据也存在这样的数据泄漏风险。应用 MPC 协议实现数据保护可以消除此类数据泄漏风险，因为银行自始至终都不需要持有客户的敏感数据。另一种可能原因是法律法规可能要求银行进行数据审计和数据传唤。银行作为企业可能在多个司法管辖区设有办事处，而不同司法管辖区对数据保留、数据发布、数据上报方面会有不同的规则要求。面对未来不可预测的数据发布需求，MPC 可以对数据提供安全保护。

　　因此，考虑到客户已经对银行有一定的信任关系，应用半可信模型下的 MPC 协议保护客户数据似乎合情合理。然而，将明文数据操作迁移为半可信 MPC 协议（并相应地认为客户为半可信参与方）虽然提升了客户数据的隐私保护强度，但极大地损害了银行的安全性。实际上，客户以前只能被动地为交易操作提供输入信息，但现在客户有机会在半诚实安全的 MPC 协议中作弊了。考虑到客户很容易在银行开设新的账户，且现在客户有机会通过不正当金融交易获得金融收益，因此银行的客户显然有了更充分的作弊动机。

　　此场景促使我们要为 MPC 协议建立一个混合安全模型。此模型假定其中一个参与方是半诚实的，另一个参与方是恶意的。幸运的是，姚氏乱码电路协议和相应的很多变种协议本身就可以抵御恶意电路求值方的攻击！具体来说，在姚氏乱码电路方案中，如果 P_2 用于获取输入导线标签的 OT 协议可以抵御恶意电路求值方 P_2 的攻击，则姚氏乱码电路协议只需要让电路求值方遵循原始协议规范解密乱码表、求解输出导线标签，协议即可满足恶意安全性。如果 P_2 在电路求值过程中不遵循协议规范执行协议，P_2 就无法得到输出导线标签。这是姚氏乱码电路协议中一个非常便利的特性。只要能假定电路生成方(P_1)是半可信的，协议就不需要进行恶意安全性改造，极大地节省了相应的执行开销。

服务器辅助 MPC 是另一个利用非对等信任构造 MPC 协议的例子。Salus 系统(Kamara et al.，2012)提出了实际中很常见的一个场景：存在一个特殊的外部参与方，他在 MPC 协议中不提供任何输入或输出，他的目标是辅助其他参与方完成功能函数的安全求值。外部参与方可以是拥有更大计算资源的云服务提供商，但更重要的是，此参与方足够强势，可以得到其他所有参与方的部分信任。例如，可以认为外部参与方是半诚实的，其他参与方可能是恶意攻击者。Kamara 等人(Kamara et al.，2012)提出了一个重要的假设：即使外部参与方是恶意攻击者，外部参与方也不与任意其他参与方共谋。利用不对称信任和共谋能力限制，Salus 系统及其后续工作可以使 MPC 协议得到显著的性能改进。举例来说，Kamara 等人(Kamara et al.，2014)提出了一个服务器辅助 PSI 协议。在半诚实服务器辅助的情况下，此协议在 580 秒内对包含十亿个元素的两个集合交集，求交过程总计需要发送 12.4GB 的数据。

7.3   隐蔽安全性

虽然半诚实/恶意非对等信任模型在很多场景下都是一个合理的假设，但在部分应用场景中，尤其是 P_1 有作弊动机的场景中，这一安全模型仍然不满足实际需求。哪怕是几乎可认为完全可信的银行也可能会出现作弊行为。如果真的存在作弊行为，银行的客户、甚至是外部审计方，都没有切实有效的技术或工具来保证银行满足合规性要求。但与此同时，完全使用恶意安全模型会引入实际应用中无法接受的巨大性能开销。

Aumann 和 Lindell(Aumann and Lindell，2007)提出了一种实际可用的有效方法，即概率性地检查电路生成方的行为。他们的基本思想是让电路求值方(P_2)随机对电路生成方(P_1)发起挑战，让 P_1 证明乱码电路构造的正确性。如果 P_1 无法给出证明，则 P_2 就知道 P_1 在作弊，并作出相应的回应。这种方法能保证参与方有固定的概率（如 $\epsilon = \frac{1}{2}$）抓到作弊参与方。一般把此概率值称为威慑因子（Deterrence Factor）。

可以通过多种方式为这一很简单、很自然的想法设计形式化安全模型。一方面，P_1 不能伪造出一个无效的证明，也不能逃避或退出它所生成乱码电路的有效性证明挑战。另一方面，如果 P_2 没有用有问题的生成电路对 P_1 发起挑战，且在挑战过程中 P_2 无法发现 P_1 在作弊，则 P_1 就成功实施了作弊（即得到 P_2 私有输入的相关信息，或破坏了功能函数的输出）。因此，需要考虑此定义能为 P_2 的私有输入提供何种程度的隐私保护。Aumann 和 Lindell（Aumann and Lindell，2007）提出了三种形式化安全模型（定义）：

1. 仿真失败。此模型允许（作弊参与方的）仿真者有一定的概率仿真失败。"失败"意味着仿真者输出所满足的概率分布与实际输出所满足的概率分布在一定程度下是可区分的。这说明作弊参与方成功实施了一次作弊。该模型保证攻击者被抓到的概率至少等于 ϵ 乘以仿真者仿真失败的概率。

   上述定义的一个严重问题是，如果在实际协议执行过程中出现了作弊行为，则此定义**仅**要求参与方有 ϵ 的概率抓到作弊方。此定义并不能阻止作弊参与方（暗中）根据诚实参与方的输入决定何时作弊。具体来说，P_1 可以在 P_2 的私有输入更有价值时才尝试作弊（例如，只有当 P_2 输入的第一个比特为 0 时 P_1 才尝试作弊）。

2. 显式作弊。这一定义明确允许理想模型下的攻击者（即仿真者）有作弊的能力。这种定义比标准定义稍微复杂了一些，但此模型的好处在于，其允许我们要求理想模型中的作弊行为必须与其他参与方的输入相互独立。在理想模型中，作弊参与方向可信参与方发送"作弊"指令后，即可获得诚实参与方的输入。同时，理想模型中的诚实参与方有 ϵ 的概率输出"作弊$_i$"（即发现 P_i 在作弊），从而允许现实模型中的诚实参与方也能做到这一点。

   虽然该模型更有说服力，但其缺点也是很明显的。即使发现恶意参与方在作弊，恶意参与方仍然可以获得诚实参与方的秘密输入。
Aumann 和 Lindell 在论文（Aumann and Lindell，2007）中指出：
"如果法律规定，抢劫犯被抓住后仍然允许抢劫犯保留抢劫银行所
得到的赃款，那么法律对抢劫银行这种违法行为的威慑力就会被
减弱。"。

3. 强显式作弊。此模型与显式作弊模型相同，唯一的区别是当理想模
   型中的攻击者作弊时，如果诚实参与方发现作弊行为，攻击者就不
   允许得到诚实参与方的私有输入。

Aumann 和 Lindell（Aumann and Lindell，2007）提出的前两个（明显更
弱的）安全模型没有得到进一步的研究和发展，主要是因为在更强的第三个
模型下构造出的协议，其执行效率和前两个模型下构造出的协议的执行效
率完全相同或非常相近。因为其定义非常简单、威慑力相对更有效且存在
高效的构造方法，所以强显式作弊模型已经成为隐蔽安全性的标准安全模
型。接下来，我们将介绍一种满足此安全模型的简单高效 2PC 协议。

隐蔽 2PC 协议

在 Aumann 和 Lindell（Aumann and Lindell，2007）提出隐蔽安全性的
概念后，学术界在高效 OT 协议的构造方面取得了重大进展。学者们提出
了一些非常高效的恶意安全 OT 协议（Asharov et al.，2015b；Keller et
al.，2015），其性能开销只比半诚实安全 OT 协议高 5%。因此，我们不需
要考虑 OT 协议的隐蔽安全性，直接使用恶意安全 OT 协议作为基础构造
模块。重要的一点是要记住，恶意安全协议不能保证参与方为协议提供指
定的输入。具体来说，虽然恶意安全 OT 协议可以确保 OT 协议的正确性
和安全性，但恶意攻击者可以把任意信息设置为 OT 协议的输入，例如把
无效导线标签作为 OT 协议中发送方的秘密输入。

接下来，我们简要描述 Aumann 和 Lindell 的协议（Aumann and
Lindell，2007）。此协议是在姚氏乱码电路和恶意安全 OT 协议的基础上构
建的隐蔽安全协议。为方便描述，我们假设威慑因子为 $\epsilon = \frac{1}{2}$。很容易进一

步将协议的威慑因子设置为其他不可忽略的概率值。我们先来介绍协议的基本构造思想，指出需要注意的一些细节问题，并给出这些问题的解决方法。

核心协议。Aumann 和 Lindell 沿用了切分选择机制，要求 P_1 生成两个乱码电路，将生成结果发送给 P_2。生成这两个乱码电路 $\hat{\mathcal{C}}_0$ 和 $\hat{\mathcal{C}}_1$ 所使用的随机种子分别为 s_0 和 s_1，应用 PRG 对随机种子进行扩展，得到生成乱码电路所需要的随机数。接收到电路后，P_2 抛掷一枚硬币 $b \in \{0,1\}$，并要求 P_1 提供 s_b，以打开电路 $\hat{\mathcal{C}}_b$。因为生成乱码电路所需要的随机数是通过 PRG 扩展随机种子而得来的，所以乱码电路的生成结果完全依赖于随机种子，只需要将随机种子发送给验证方即可打开乱码电路。P_2 用随机种子 s_b 构造出乱码电路，并将此乱码电路和接收到的 $\hat{\mathcal{C}}_b$ 进行比较，从而验证乱码电路 $\hat{\mathcal{C}}_b$ 的正确性。这将保证 P_1 有 $\epsilon = \frac{1}{2}$ 的概率验证出恶意生成的 $\hat{\mathcal{C}}$，满足强显式作弊安全模型。

然而，恶意 P_1 仍然可以利用 OT 协议实施攻击。举例来说，P_1 可以将 P_2 某条输入导线的两个输入标签对调，便成功修改了该条导线的导线标签[⊖]。类似地，P_1 可以将 P_2 的两个输入导线标签都设置为相同的值，从而固定 P_2 的输入。另一种攻击方法是 6.1 节讨论的选择性中止攻击。P_1 只需要将 OT 协议中的其中一个秘密输入设置为虚拟随机量，就可以实施选择性中止攻击，从而得到 P_2 私有输入的某一个比特值。

因此，我们必须保证 P_2 能以与威慑因子 ϵ 相同的概率检测出 P_1 是否替换了 OT 协议的输入。请注意，我们允许 P_2 替换 OT 协议的输入，因为这仅意味着 P_2 用不同的输入执行 MPC 协议，安全定义允许 P_2 出现这样的行为。

接下来，我们讨论如何抵御上述攻击。

阻止 P_1 替换 OT 协议的输入，抵御选择性中止攻击。这种解决方案增

⊖　P_1 对调导线标签后，诚实参与方 P_2 在 OT 协议中的输入仍然为 P_2 的原始导线值。两方执行完 OT 协议后，P_2 收到的激活导线标签所对应的导线值将不是 P_2 的原始导线值 0/1，而是原始导线值的翻转结果 1/0。——译者注

强了上述基础协议的安全性，阻止 P_1 替换 OT 协议的输入。回想一下，包括输入导线标签在内的整个乱码电路都是根据一个随机种子生成的。此外，OT 协议是在 P_2 提出挑战之前执行的。因此，可以要求 P_1 在 P_2 发起挑战之前就通过 OT 协议发送两个电路的输入导线标签，并保证输入的一致性。这样一来，P_1 就不能在挑战执行电路中诚实提供 OT 协议的输入，而在实际执行电路中恶意替换 OT 协议的输入了。但是，OT 协议只会将其中一个导线标签发送给 P_2，因此 P_2 无法验证 P_1 在 OT 协议中提交的另一个导线标签是否正确，从而留下了选择性中止攻击的可能性。

这种解决方案不能满足强显式作弊安全模型，因为该安全模型要求如果检测出作弊行为，则攻击者无法得到诚实参与方私有输入的任何信息。有几种方法可以解决这个问题。Aumann 和 Lindell 建议在协议中引入 Lindell 和 Pinkas(Lindell and Pinkas，2007)提出的 XOR 树技术⊖。此技术的基本思想是按如下方法修改所计算的电路 C，并对应修改 P_2 的输入导线。P_2 的每个输入不再是单比特 x_i，新电路 C' 将拥有 σ 个输入 x_i^1，…，x_i^σ，这些输入都是随机的，且满足限制条件 $x_i = \bigoplus_{j \in \{1..\sigma\}} x_i^j$。对于 C 中的每一个 x_i，新电路 C' 首先求 σ 个输入 x_i^1，…，x_i^σ 的异或值，从而在电路中恢复出 x_i。C' 随后用恢复出的输入继续完成原始电路 C 的计算过程。新电路计算的仍然是相同的功能函数，但是现在只有当 P_1 正确猜测出全部 σ 个随机输入 x_i^j 的值后才能通过选择性中止攻击得到 P_2 私有输入的相关信息，而此事件发生的概率是统计上可忽略的。

备选密钥攻击。接下来，我们介绍由 Aumann 和 Lindell(Aumann and Lindell，2007)提出的一个理论攻击方法。这也体现出即使看起来非常简单的 MPC 协议也包含了很多需要注意的细节。攻击者(至少在理论层面)可以为一个乱码电路构造两组密钥，用一组密钥解密乱码电路得到的输出是正确的，用另一组密钥解密乱码电路得到的输出是错误的。大多数乱码电路构造方式都不存在这个问题，但从理论上的确可以构造出满足这一性质的乱码电路。两组密钥的存在会导致一个问题，即攻击者在挑战阶段可以

⊖ 6.1 节介绍的抗 k 探查矩阵方案也来自 Lindel 和 Pinkas 的这篇论文(Lindell and Pinkas，2007)。——译者注

向打开电路提供"正确的密钥"，而在求值阶段用"错误的密钥"对电路求值。Aumann 和 Lindell 提出了阻止此攻击的方法，即让 P_1 对密钥作出承诺，并让 P_1 把承诺值和乱码电路一并发送给 P_2。随后，P_1 在挑战阶段不仅要发送密钥，还要把打开承诺值的信息一并发送给 P_2。

完整协议。最后，我们简要描述协议的完整执行过程。当 P_2 成功完成上述验证后，P_2 继续对 $\hat{C}_{1-b}$ 求值，得到计算结果，并将结果发送给 P_1。可以证明，P_2 有 $\epsilon = \frac{1}{2}$ 的概率发现 P_1 的恶意行为。我们注意到，只需要让 P_1 生成并发送更多的电路，并让 P_2 打开并验证除求值电路外的其他电路，就可以提高 P_1 恶意行为被发现的概率。Aumann 和 Lindell 在论文（Aumann and Lindell，2007）中给出了更加详细的安全模型定义，并详细描述了协议的构造。

7.4 公开可验证隐蔽安全性

在隐蔽安全模型中，参与方可以不遵循协议规范执行协议，但其恶意行为被发现的概率 ϵ 是固定的，此参数也被称为惩罚因子。在很多实际场景中，恶意行为可能被发现（可能导致业务流失或造成丑闻）的这一性质足以对潜在攻击者形成威慑。隐蔽安全协议比恶意安全协议更高效、更简单。

与此同时，隐蔽安全模型引入的作弊威慑相对较弱。事实上，抓出作弊方的诚实参与方肯定知道发生了什么，并能作出相应的响应（例如把他们的业务转移到其他地方）。然而，由于诚实参与方无法令人信服地公开指控作弊方的恶意行为，因此隐蔽安全模型对作弊参与方的影响程度最大也仅限于此。如果非要指控作弊方，诚实参与方可能需要公开其私有输入（从而披露了参与方的秘密信息），协议本身可能也无法证明某个消息是由特定的参与方发出的。然而，如果能有理有据地公开指控作弊方（即为作弊行为提供公开可验证的密码学证明），则会大幅提高协议对作弊方的威慑力。其他客户和监管方会立刻意识到作弊方有恶意行为，因此任何作弊行为都可能会对作弊方的所有客户群体造成影响。

为隐蔽安全模型增加可靠指控能力可以大大改进隐蔽安全模型的威慑力。即使参与方数量较少，但在如某个参与方是政府机构的部分场景中，此种威慑力依然存在。例如，考虑两个机构以各自秘密数据为输入执行2PC协议的场景。在这种场景下，仅使用标准隐蔽安全模型并不能满足安全性要求。假设其中一个参与方未遵循协议规范执行协议，但原因是此参与方遭到了内部攻击者的攻击。诚实参与方虽然能检测到另一个参与方未遵循协议规范，但没有参与此次MPC协议的其他参与方面临着要在这两个政府机构中找出罪魁祸首的难题。由于信任、政策、数据隐私保护法律法规等因素的制约，出现作弊行为的参与方可能无法及时告知此作弊行为是内部攻击者导致的还是参与方有意而为之。另一方面，可靠指控能力可以立刻将诚实参与方排除在嫌疑名单之外，将精力集中在追踪恶意参与方的责任问题上来，这实施起来就简单多了。

公开可验证隐蔽安全模型的定义。出于上述考虑，Asharov和Orlandi（Asharov and Orlandi，2012）提出了一个新的安全模型：公开可验证隐蔽（Publicly Verifiable Covert，PVC），并构造了一个满足此安全模型的协议。他们指出，诚实参与方在发现作弊行为之后，可以发布一个任何第三方都可以验证的"作弊证据"。我们称这个模型为PVC安全模型。我们遵循Kolesnikov和Malozemoff（Kolesnikov and Malozemoff，2015）在论文中使用的符号表示方法，描述一个满足PVC安全模型的改进协议。

简单来说，PVC安全模型要求协议有压倒性的概率满足下述三个性质：

1. 只要发现了作弊行为，诚实参与方就可以生成一个公开可验证的作弊证据。

2. 无法伪造出作弊证据。也就是说，无法指控诚实参与方有作弊行为。

3. 作弊证据不能泄漏诚实参与方的私有输入（包括作弊行为发生时诚实参与方使用的数据）。

Asharov-Orlandi 的 PVC 协议。Asharov-Orlandi 的 PVC 协议是基于Aumann 和 Lindell（Aumann and Lindell，2007）的隐蔽安全协议构造的。

这两个协议的性能开销非常接近，唯一的区别是 Asharov-Orlandi 协议需要使用到一个特殊的 OT 协议：签名 OT 协议（Signed-OT）。签名 OT 协议基于 Peikert 等人（Peikert et al.，2008）的 OT 协议，每个 OT 实例都要使用几个开销极高的公钥密码学操作。接下来，我们首先描述签名 OT 协议。随后，我们描述 Kolesnikov 和 Malozemoff（Kolesnikov and Malozemoff，2015）提出的几个性能改进点。最重要的一个性能改进点是提出了一个新的签名 OT 扩展协议，此协议大幅降低了公钥密码学操作的数量。

　　与之前的描述方式相同，我们令 P_1 为电路生成方，P_2 为电路求值方，用 $\mathcal{C}$ 表示待求值的电路。回想一下，我们在 7.2 节提到，在半诚实攻击模型下构造的标准姚氏乱码电路中，恶意电路求值方（P_2）是无法在乱码电路求值过程中作弊的。因此，标准乱码电路构造协议可抵御恶意电路求值方的攻击。我们只需要考虑协议如何抵御恶意电路生成方（P_1）的攻击。

　　回想一下针对 P_2 输入导线标签的选择性中止攻击方式。在此攻击中，P_1（通过 OT 协议）向 P_2 发送一个无效输入导线标签。此无效输入导线标签与 P_2 的其中一个可能的输入比特相关联。这样一来，P_1 就可以通过观察 P_2 是否中止协议，得知 P_2 的输入比特是什么。为了抵御此种攻击，两个参与方构造一个如 7.3 节所述的新电路 $\mathcal{C}'$，将 $\mathcal{C}$ 的输入形式替换为 XOR 树。为将协议的安全性提升为隐蔽安全性，P_1 构造 λ 个（λ 为乱码电路的复制因子）实现 $\mathcal{C}'$ 的乱码电路，P_2 随机选择其中的 $\lambda-1$ 个乱码电路，验证这些乱码电路的生成结果是否正确，并对剩下的最后一个乱码电路求值，得到 $\mathcal{C}'$ 的输出。

　　我们现在让协议满足 PVC 定义，即 P_2 不仅可以发现作弊行为，还可以获得作弊行为的一个公开可验证的作弊证据。基本思想是要求电路生成方 P_1 建立一个公私钥对，并对 P_1 发送的消息进行签名。这样一来，诚实参与方可以发布经过签名的恶意行为消息（例如包含错误乱码电路的消息），这就是一个强有力的作弊证据。这种方法要解决的主要困难是，任何参与方都不能通过选择性中止协议的方式来获得优势。举例来说，只要 P_2 的挑战行为披露了 P_1 的作弊行为，P_1 就直接中止协议（这样 P_1 就可以避免发送经过签名的恶意行为消息）。在这种情况下，P_1 就可以在避免交出作弊证据的条件下实施作弊。

Asharov 和 Orlandi 提出了一个解决此问题的方法，即阻止 P_1 在对 P_2 的挑战进行响应之前得知 P_2 的挑战是什么。在他们的协议中，P_1 将乱码电路发送给 P_2 后，通过一个 λ 选 1-OT 协议来打开需被验证的电路，以响应 P_2 的挑战。为此，P_1 首先将所有（签名后）的乱码电路发送给 P_2。两个参与方随后执行 OT 协议，P_1 为 OT 协议提供的第 i 个输入是：除第 i 个乱码电路外其他所有乱码电路的打开方式（即生成乱码电路所用的随机种子），以及对 $\hat{C}_i$ 求值时 P_2 所需要的输入导线标签。P_2 为 OT 协议提供的输入是一个随机的 $\gamma \in_R [\lambda]$，因此 P_2 通过 OT 协议接收到的是除 $\hat{C}_\gamma$ 外其他所有乱码电路所对应的随机种子，以及对 $\hat{C}_i$ 求值时 P_2 所需要的输入导线标签。接下来，P_2 验证除 $\hat{C}_\gamma$ 外所有乱码电路的生成结果是否都是正确的。如果验证通过，P_2 对 $\hat{C}_\gamma$ 求值。这样一来，P_1 无法知道 P_2 对哪些电路进行了验证，又对哪个电路进行了求值。

然而，如果进行更细致的检查，就会发现此协议还没有达到 PVC 的目标。实际上，恶意的 P_1 可以让自己 OT 协议的秘密输入包含无效的随机种子，使得 P_2 无法通过 OT 协议正确得到挑战值 γ 所对应的随机种子。Asharov-Orlandi 协议要求 P_1 不仅要对自己发送的所有消息签名，还要用签名 OT 协议替换所有的标准 OT 协议（包括传输输入导线标签的 OT 协议和传输乱码电路打开方式的 OT 协议），以此来解决这个问题。签名 OT 协议的功能函数如下所述。接收方 $\mathcal{R}$ 从发送方 $\mathcal{S}$ 处得到的不仅有选择比特 b 所对应的消息 m_b（此消息可能包含 $\mathcal{S}$ 生成的签名），签名 OT 协议还显式要求发送方必须对消息签名。也就是说，我们要求 $\mathcal{R}$ 必须接收到 $((b, m_b),$ Sig)，其中 Sig 是 $\mathcal{S}$ 对 (b, m_b) 的有效签名。这保证 $\mathcal{R}$ 通过 OT 协议接收到的信息始终包含一个有效签名。因此，如果 $\mathcal{R}$ 在挑战过程中发现作弊行为，则（包含作弊行为的）消息一定包含 $\mathcal{S}$ 的签名，因此可以把这个签名消息作为作弊证据。Asharov 和 Orlandi 证明，此方案满足 ϵ-PVC 安全性，其中 $\epsilon = (1 - 1/\lambda)(1 - 2^{-\nu+1})$，而 ν 等于 XOR 树的复制因子。

我们注意到，签名 OT 协议严重依赖于公钥密码学操作，而 Asharov-Orlandi 协议又不能直接使用更高效的 OT 扩展协议。

签名 OT 扩展协议。Kolesnikov 和 Malozemoff(Kolesnikov and Malozemoff，2015)基于 Asharov 等人(Asharov et al.，2015b)的恶意安全 OT 扩展协议构造了一个高效的签名 OT 扩展协议。简单来说，签名 OT 扩展协议(与 Asharov-Orlandi 签名 OT 协议类似)可以保证：(1)如果发送方 $\mathcal{S}$ 作弊，则 $\mathcal{R}$ 可以得到 $\mathcal{S}$ 无法抵赖的"作弊证据"；(2)作弊证据不会泄漏诚实参与方的输入；(3)恶意接收方 $\mathcal{R}$ 无法伪造一个虚假的"作弊证据"诋毁诚实的 $\mathcal{S}$。

很容易实现第一个目标，只需要让 $\mathcal{S}$ 在执行 OT 扩展协议的过程中对发送的所有消息进行签名即可。此时，$\mathcal{R}$ 将持有 $\mathcal{S}$ 签名的所有消息，如果检测到作弊行为，我们将同时面对下述挑战：

1. 要保护 $\mathcal{R}$ 输入的隐私性。这仍然是一个问题，因为生成的作弊证据可能包含 $\mathcal{R}$ 输入的相关信息。

2. 作弊证据可能包含一些不需要 $\mathcal{S}$ 签名的信息。要防止恶意接收方 $\mathcal{R}$ 操纵这部分信息，避免出现针对 $\mathcal{S}$ 的恶意指控。

由于 $\mathcal{R}$ 需要在作弊证据中添加一些信息，我们必须保证 $\mathcal{R}$ 添加的信息具有不可扩展性，防止 $\mathcal{R}$ 恶意指控诚实的 $\mathcal{S}$。为此，我们需要让 $\mathcal{R}$ 对 OT 扩展协议中使用的全部选择字符串作出承诺。与此同时，我们必须保证承诺值不泄漏与 $\mathcal{R}$ 选择比特串相关的任何信息。假定我们之前已经深入理解了 Ishai 等人 OT 扩展协议(Ishai et al.，2003)中的全部细节(参见 3.7.2 节介绍的 IKNP 协议)。接下来，我们在 IKNP 协议的基础上简要介绍如何实现签名 OT 扩展协议。

回想一下，在标准 IKNP 的 OT 扩展协议中，$\mathcal{R}$ 构造了一个随机矩阵 M，$\mathcal{S}$ 根据矩阵 M、随机字符串 s、$\mathcal{R}$ 的 OT 协议输入向量 r 派生出一个矩阵M'。$\mathcal{R}$ 的视角中只包含矩阵 M，矩阵 M 与 $\mathcal{S}$ 的签名消息共同构成了作弊证据。

重申一下，我们必须解决两个问题。第一，由于 M' 同时依赖于 M 和 $\mathcal{R}$ 的私有输入 r，而 $\mathcal{S}$ 已知M'，因此 M 现在是敏感信息，不能被披露。第二，我们必须阻止 $\mathcal{R}$ 公开一个被篡改的 M，否则 $\mathcal{R}$ 就可以对诚实的 $\mathcal{S}$ 实现恶意指控。Kolesnikov 和 Malozemoff（Kolesnikov and Malozemoff，2015)观察到这样一个现象：$\mathcal{S}$ 在协议执行过程中实际上可以得到 M 中的一些元素，因为在 OT 扩展协议中 M 和 M' 中的一部分列是相同的（如果 $\mathcal{S}$ 的字符串 s 中第 i 个比特为 0，则 M 和 M' 的第 i 列就是相同的）。

Kolesnikov-Malozemoff 签名 OT 协议让 $\mathcal{S}$ 仔细挑选签名中包含的信息，使签名中只包含 $\mathcal{S}$ 能看到的 M 中的列，这样就能阻止 $\mathcal{R}$ 的作弊行为。协议要求 $\mathcal{R}$ 用一个种子生成 M 中的每一行，而 $\mathcal{R}$ 的作弊证据中包含这个种子，可以用这个种子恢复出 $\mathcal{S}$ 签名中包含的列，从而可以验证种子恢复出的列与 $\mathcal{S}$ 签名中包含的列是否相同。Kolesnikov 和 Malozemoff（Kolesnikov and Malozemoff，2015）证明，这样就可以让 $\mathcal{R}$ 无法在作弊证据中成功添加一个无效的 OT 矩阵行，从而阻止 $\mathcal{R}$ 对诚实的 $\mathcal{S}$ 进行恶意指控。Kolesnikov-Malozemoff 签名 OT 协议是在随机预言机模型下构造的，其安全假设比标准 OT 扩展协议和 FreeXOR 这两个标准 MPC 工具的安全假设稍强。

Kolesnikov-Malozemoff 签名 OT 协议从理论角度看也很有启发性。Kolesnikov-Malozemoff 签名 OT 协议展示了如何利用任意恶意安全 OT 协议构造签名 OT 协议，而 Asharov 和 Orlandi 协议（Asharov and Orlandi，2012）是基于判定性 Diffie-Hellman 问题构造出一个具体的协议。

7.5   降低切分选择协议的通信开销

可以用切分选择机制使 MPC 协议满足恶意安全性、隐蔽安全性或 PVC 安全性。此技术的基本思想是让 P_1 发送若干个乱码电路，P_2 打开并验证一部分电路后，对一个（恶意安全性下要对多个）电路求值。由于被打开电路的相关秘密信息均已被披露，因此执行完挑战阶段之后，这些被打开的电路就没办法再被继续使用了，仅能作为协议执行过程中的承诺信息。是否可以对乱码电路进行承诺后再发送，并通过直接验证承诺值而不是完整的乱码电路来达到相同的目的呢？

实际上，Goyal 等人（Goyal et al.，2008）指出，确实可以在隐蔽安全切分选择协议和恶意安全切分选择协议中做到这一点。但我们在设计具体协议时要特别小心。Goyal 等人（Goyal et al.，2008）提出了一个具体的构造方法。Kolesnikov 和 Malozemoff（Kolesnikov and Malozemoff，2015）为此提出了一个特定变种哈希函数。他们在自己的 PVC 协议中使用了这个哈希函数，所得到的 PVC 协议的通信开销和半诚实安全姚氏乱码电路协议的通信开销完全相同。

无代价哈希函数。虽然在验证乱码电路时可以通过验证乱码电路的哈希值是否相等来大幅降低协议的通信开销，但这种方法不能降低协议的总执行时间，因为计算乱码电路哈希值所引入的计算开销相对比较高。受此启发，Fan 等人（Fan et al.，2017）提出了一种适用于乱码电路的新型哈希函数：哈希值等于乱码表中所有条目的异或值（具体计算过程会有些许变化）。他们的主要想法是大幅削弱乱码电路哈希函数的安全定义。他们不要求哈希函数的输出满足抗碰撞性，转而允许攻击者生成一个乱码电路$\hat{C}'$，其哈希值可以与真实乱码电路$\hat{C}$的哈希值相等，但诚实参与方能以极高的概率发现$\hat{C}'$无法求值或$\hat{C}'$是作弊电路即可。Fan 等人（Fan et al.，2017）进一步展示了如何将电路的生成和求值过程与哈希值的生成和验证过程结合起来，使得生成电路哈希值的过程不引入额外的计算开销，且满足上述安全性定义。

7.6　安全性与高效性的权衡

恶意安全 MPC 协议提供了强有力的安全性保证，但这是有代价的。很多情况下，恶意安全性定义都要求恶意攻击者绝对无法获得哪怕 1 比特的额外信息。而绝大部分 MPC 协议的开销都来自完全保护私有信息的要求，尤其是为私有信息提供"最后一英里"的安全保护。鉴于此，部分研究成果尝试探讨在 MPC 安全性与高效性上进行权衡的方法。我们将在本节讨论 Mohassel 和 Franklin（Mohassel and Franklin，2006）的对偶执行协议，并介绍几个隐私保护数据库系统。

对偶执行协议。Mohassel 和 Franklin 提出的对偶执行 2PC 协议利用了这样一个事实：如果使用的 OT 协议满足恶意安全性，则只有电路生成方可以在 2PC 乱码电路协议中作弊。实际上，电路求值方只是执行一系列解密操作，不遵守协议规范解密电路就无法对电路求值，相当于中止了协议。对偶执行方法背后的思想是让两个参与方都要成为电路求值方（这迫使攻击者也要成为电路求值方，而攻击者在电路求值过程中是无法作弊的）。这样一来，从诚实参与方的角度来看，诚实参与方作为电路生成方时计算得到的结果肯定是正确的。然而，诚实参与方还需要进一步保证另一个求值过程不会出现泄漏私有数据等安全问题。

为了实现这一点，Mohassel 和 Franklin（Mohassel and Franklin，2006）指出，两次执行过程必须生成相同的候选输出，只要两次执行结果得到的候选输出不一样，就意味着至少有一个参与方在作弊。此时需要中止执行，且不能给出任何输出，避免错误电路的输出泄漏相应的信息。在协议中，两个参与方各执行一个半诚实安全姚氏乱码电路实例。在第一个实例中，P_1 作为电路生成方，P_2 作为电路求值方。在第二个实例中，P_2 作为电路生成方，P_1 作为电路求值方。每个参与方对收到的乱码电路求值，得到（乱码）输出。随后，两个参与方执行一个严格满足恶意安全性的相等性检查协议，（在解码之前）检查两个输出的语义值是否相等。在相等性检查协议中，每个参与方要提供两个输入：对乱码电路求值得到的乱码输出、自己生成的乱码电路中所有的输出导线标签。如果两个乱码电路输出的语义值不相等，则参与方中止协议。显然，中止协议相当于抛出了一个异常，中止协议的诚实参与方将知道另一个参与方在协议执行过程中有作弊行为。虽然这个相等性检查子协议要满足恶意安全性，但由于比较函数结构固定，且比较函数的规模仅依赖于输出结果的比特长度，因此相等性检查协议的性能开销很小。

对偶执行协议在恶意安全模型下并不是完全安全的。实际上，诚实参与方可能会执行恶意参与方生成的乱码电路，并把此电路的乱码输出作为相等性检查子协议的输入。恶意参与方可以生成这样一个乱码电路：当另一个参与方的输入满足一定条件时给出正确的输出，否则给出错误的输出。此时，攻击者可以通过观察协议是否被中止，从而知道诚实参与方的输入是否满足给定的条件。然而，由于相等性检查值只会输出 1 比特的信息，因此可以证明对偶执行协议最多会泄漏 1 比特的信息，这 1 比特信息描述了诚实参与方的输入是否满足某个特定的条件（此特定条件是由攻击者选择的）。

在一个后续工作中，Huang 等人（Huang et al.，2012b）从理论角度正式定义了 Mohassel 和 Franklin 提出的对偶执行协议，并提出了一些优化方法，例如如何交叉执行两个协议，使参与方在单独执行半诚实安全协议的同时，实现对偶执行协议的总延迟最小。在另一个后续工作中，Kolesnikov 等人（Kolesnikov et al.，2015）展示了如何极大地限制对偶执行 2PC 协议的泄漏函数，进一步降低数据泄漏的概率。

内存访问泄漏：私有数据库查询。另一种平衡安全性和高效性的策略是将专用协议与 MPC 协议结合到一起。通过这种方法得到的 MPC 协议会泄漏一定的信息，但可以获得更大的性能收益。这对于涉及大规模数据分析的应用程序来说特别有效（并且尤其重要）。大规模数据采集和应用已成为安全、数据分析、最优化等很多领域的核心诉求。大多数采集和分析的数据都含有隐私信息。因此，如何利用 MPC 应用程序处理当今大规模的数据集已成为一个必须要解决的问题。

一个有趣的特定应用场景为私有数据库查询。此场景的目标是允许数据库服务器端（Database Server，DB）回复客户端的加密问询，从而保护问询中可能包含的敏感信息。隐私查询是 MPC 的一个特例，可以使用通用 MPC 技术实现隐私查询。

私有数据库查询最重要的要求是数据访问过程必须满足亚线性复杂度。如果要在半诚实攻击模型下安全回复问询，一般都需要扫描整个数据库。这是因为哪怕在回复问询的过程中少扫描了数据库中的一个条目，都会向参与方泄漏此条目不在结果数据集中。亚线性执行过程意味着 MPC 协议即使在半诚实攻击模型下也无法满足安全性要求。不过正如第 5 章所描述的那样，如果能接受线性复杂度的预处理过程，数据访问的平摊性能开销就可以达到亚线性级，且协议满足密码学层面的安全性保证。

已有的完全安全亚线性访问算法的效率仍然非常低，会引入 3 至 4 个数量级的性能损失。一个很有前途的研究方向是，允许泄漏一部分与私有输入相关的信息（最好能明确界定泄漏的信息到底是什么），从而大幅提高数据检索协议的执行效率。

　　一些实现了加密数据库功能的系统应用了 MPC 协议作为底层技术 (Pappas et al. ，2014；Poddar et al. ，2016)。Blind Seer 项目(Pappas et al. ，2014；Fisch et al. ，2015)将两方和三方 MPC 协议作为底层密码学原语，实现密文搜索树遍历功能。此协议需要客户端和服务器端共同执行。

　　对偶执行协议和私有数据库查询是当前两个非常活跃的研究领域。部分公司已经部署了具有密文搜索功能和加密数据库功能的商业解决方案。需要注意的是，当今我们还不能准确理解这些泄漏的信息(或者说获取授权间询结果集的过程中所泄漏的信息)究竟会带来什么影响。部分结果表明，确实可以利用为提高性能而泄漏的信息来实施攻击(Islam et al. ，2012；Naveed et al. ，2015；Cash et al. ，2015)。理解如何在数据泄漏和性能之间做出适当权衡仍然是一个重要的开放问题，也是许多实际应用系统必须要面对的问题。

7.7　延伸阅读

　　当今 MPC 的性能已经足够优异，可以用来解决很多实际问题。但是，大规模的 MPC 应用仍然不切实际。尤其在恶意安全模型下，MPC 的性能仍然不够理想。本章我们讨论了几种平衡安全性和高效性的方法。与可认证乱码电路(6.7 节)相比，减弱攻击者的能力(即从恶意安全模型转移到隐蔽安全模型和 PVC 安全模型)可以将协议性能开销降低 10 倍。与最优切分选择机制(6.1 节)相比，减弱攻击者的能力可以将协议性能开销降低 40 倍。允许泄漏额外的信息甚至可以带来更显著的性能改进，在某些情况下协议性能可以提高好几个数量级(参见 7.6 节介绍的私有数据库查询方案)。准确理解额外信息泄漏所带来的影响当然是非常重要的。然而，我们需要强调的是，协议执行过程中和计算得到的输出中泄漏额外的信息从本质上看没有任何区别。两种类型的数据泄漏都可能对安全造成破坏性影响。对两种类型的数据泄漏应该用相似的方法进行分析，从而理解(安全地)计算给定函数这一行为本身到底是不是安全的。

　　另一种能显著提高性能的方法是使用如英特尔 SGX 或安全智能卡等安全硬件实现安全计算（Ohrimenko et al.，2016；Gupta et al.，2016；Bahmani et al.，2017；Zheng et al.，2017）。这引入了另一个层面的权衡：我们应该相信硬件制造商（我们必须同时考虑硬件制造商的安全能力，以及其未来可能存在的恶意企图）来极大地提高安全计算的性能吗？我们无法给出明确的答案，因为硬件安全似乎是一场猫捉老鼠的游戏：不断出现可造成严重后果的攻击方法，硬件制造商不断在下一个修复周期中修复问题，周而复始。近期针对 SGX 的攻击实例中就含有一种后果非常严重、仅依赖软件即可实施的密钥恢复攻击（Van Bulck et al.，2018）。此攻击不需要对被攻击的安全区（Enclave）代码做任何假设，且攻击过程不一定需要内核级的数据访问能力。其他攻击包括软件漏洞利用（如（Lee et al.，2017a）），以及侧信道（Side Channel）攻击（如（Xu et al.，2015；Lee et al.，2017b））。总之，在 CPU 中实现高性能运算需要非常复杂的软件和硬件设计，因此设计中很可能包含细微的错误和漏洞。SGX 安全区本身就是一个引人注目的高价值攻击目标，且很难在设计周期内检测到安全区的弱点和漏洞。因此，它们可能适用于 MPC 性能过差且数据价值较低的大规模计算场景，但不适用于需要高可信度的数据计算场景。

　　理论密码学从形式化角度对硬件安全性展开了探讨。安全硬件的目标本质上是为密码学原语提供一种理想的、无数据泄漏的硬件实现方式。此类研究始于如下事实：利用现有的能力和技术，可以通过分析硬件功耗、执行时间、电磁辐射、声学噪声等硬件在计算过程中的侧信道信息，来获取硬件保护的秘密信息。抗泄漏密码学是 20 世纪末一个非常热门的研究方向，但此后该领域的研究热度逐渐降了下来。此领域的研究成果一般假设硬件中包含一个小的安全组件（此组件在芯片中的占地面积很小、只能提供非常小的计算能力，如计算 PRF），或者假设攻击者在任意时间周期内能收集到的泄漏信息量不会超过预先给定的上界。此领域的研究目标是基于这些假设构建可证明安全（即无泄漏）的、可计算某个特定函数的硬件。Micali 和 Reyzin 在一篇基础论文（Micali and Reyzin，2004）中引入了物理可观测密码学（Physically Observable Cryptography）的概念，提出了一个为侧信道攻击建立安全模型的框架。此工作具有非常高的影响力。特别地，他们提出了"只有计算过程会泄漏信息"的公理，绝大多数抗泄漏密码学的相关工作都用到了这个公理。Juma 和 Vahlis(Juma and Vahlis，2010)展示了如何利用全同态加密和一个"无泄漏"硬件令牌计算任意函数的方法。"无泄漏"硬件令牌根据某一分布采样得到，采样过程不依赖于任何受保护的密钥，也不依赖于任何带密钥函数。在偏向应用的硬件研究领域有一个与之相关的研究路线，此路线的研究结果表明，现实世界中的硬件信息泄漏函数比理论密码学通常假设的信息泄漏函数要复杂得多。这一研究路线通常采用启发式、实验式、排除式研究方法。部分 MPC 研究工作还利用(或假设利用)安全硬件令牌来完成如 PRF 等基本函数的计算。此类研究工作的目标包括移除密码学假设(如 Katz 的工作(Katz，2007)和 Goyal 等人的工作(Goyal et al.，2010))或提高协议性能(Kolesnikov，2010)。

第 8 章

总　结

在过去十年左右的时间里，MPC 的相关研究取得了巨大的进步。MPC 已经从理论上的新奇设想发展为用于构建隐私保护应用程序的多功能工具。对于大多数应用程序来说，技术能否得到应用的关键指标是性能开销。而在过去的十年内，MPC 的性能开销降低了 3~9 个数量级。

Fairplay(Malkhi et al.，2004)是已知的第一个 2PC 系统，其在半诚实攻击模型下可对一个包含 4383 个门的电路求值。在局域网环境下，协议的总执行时间大约为 7 秒，即平均每秒可以对 625 个门求值。在 1Gbit/s 带宽的局域网环境下，现代 2PC 协议框架每秒可以对 300 万个门求值，总电路规模可以达到数千亿个门。

恶意安全 MPC 协议的性能提升程度更加令人惊异。Lindel 等人(Lindell et al.，2008)是已知第一个尝试实现恶意安全通用 MPC 协议的团队。有趣的是，他们的论文题目就是《高效实现可抵御恶意攻击者攻击的两方计算协议》(Implementing Two-Party Computation Efficiently with Security Against Malicious Adversaries)。他们在恶意安全场景下对 16 位比较电路求值，电路包含 15 个 3 输入 1 输出门和 1 个 2 输入 1 输出门。根据实际设置的不同安全参数，电路总求值时间在 135~362 秒之间。这相当于平均每秒可以对 0.13 个门求值。可认证乱码电路方案(6.7 节)的实现论文(Wang et al.，2017b)指出，在 10Gbit/s 带宽的局域网环境下，恶意安全 2PC 协议每秒可以对 80 万个门求值。这意味着在过去的十年间，恶意安全方案的性能被优化了 600 万倍！多数诚实恶意安全三方计算协议（7.1.2 节）的性能提升幅度更加显著。Araki 等人在论文（Araki et al.，2017）中指出，在 10Gbit/s 带宽下，3 个包含 20 个核的计算集群每秒可完成 10 亿个门的求值。

毫不夸张地说，MPC 应用领域的研究进展令人震惊。几年前被认为不可能在实际中应用的 MPC 协议，可能在几年后就变成了一个例行协议。

尽管 MPC 的研究进展极快，诞生了很多可实际应用的新方案，但 MPC 在实际中还未得到广泛的应用。在将 MPC 大规模部署到隐私保护应用程序之前，还需要克服几个挑战。我们接下来讨论其中的几个挑战，并提出一些可能克服这些挑战的方法。

开销。尽管在过去的十年中，2PC 和 MPC 技术都取得了巨大的进展，但与传统（无隐私保护）求值过程相比，安全函数求值仍然会带来几个数量级的性能损失。特别是在面临恶意参与方的攻击时，性能损失更加夸张。与此同时，实际性能开销会依功能函数的不同而存在巨大的差异，有的功能函数引入的额外性能开销几乎可以被忽略，而有的功能函数引入的额外性能开销则大到不可被接受。

具体来说，本书描述的通用 MPC 协议（在典型场景下本书描述的通用 MPC 协议最有可能得到大规模的应用）对通信带宽的要求与电路的规模呈线性增长关系。数据中心的带宽资源相对比较廉价（事实上，许多云服务提供商不向客户收取同一数据中心内任意节点因通信产生的相关费用），但在数据中心应用 MPC 协议依赖于一个很强的信任模型，即 MPC 中的所有参与方都愿意将计算过程外包给同一个云服务商。在某些场景中，这种线性增长的带宽开销可能会非常昂贵。如果想让带宽开销与电路大小呈亚线性关系，则需要引入其他（计算功能等价的）构建范式。尽管已经证明可以用门限全同态加密方案实现安全计算（Asharov et al.，2011），但这类方案离实际应用还很远，还有很长的路要走。近期的一些结果表明，可以用函数秘密分享方案为特定类型的功能函数构建低网络带宽开销的 MPC 协议（Boyle et al.，2016a；Boyle et al.，2018）。

如果想解决网络带宽开销问题，可能需要将 MPC 协议与专用协议或同态加密结合在一起构建混合协议，从而在不需要线性网络带宽开销的情况下实现安全计算。我们在本书中已经介绍了几种混合协议，如 PSI（3.8.1 节）、RAM-MPC（第 5 章）以及 ABY（4.3 节），但我们还不清楚这种方法到底有多大的局限性。专用协议可以做到极低的性能开销，但专用协议的设计过程非常烦琐，且必须在最重要、性能瓶颈最大的操作中实现优化，才能高性价比地得到较优的专用协议。未来的研究方向可能是找到混合协议的更多设计原则与自动化设计方法，更方便地将通用 MPC 协议与同态加密和专用协议结合在一起构建混合协议，从而在满足安全性要求的条件下提出更高效的解决方案。

大幅降低 MPC 开销的另一个方向是利用安全硬件实现安全计算，如使用英特尔的 SGX 技术。此类解决方案的威胁模型定义相对比较尴尬（但实际场景确实能满足这样的威胁模型）：我们相信硬件供应商可以在硬件上构造一个安全区，并对安全区的密钥进行有效的管理，但又不能完全相信此硬件供应商是一个可信第三方。Signal 公司最近发布了一个应用 SGX 实现的私人联系人发现服务（Marlinspike，2017），很多研究人员正在利用 SGX 的特性实现 MPC 协议（Bahmani et al.，2017；Shaon et al.，2017；Priebe et al.，2018；Mishra et al.，2018）。

权衡信息泄漏量。很显然，MPC 的性能优化比赛将持续进行，不过具体优化方向可能会发生变化。我们已经实现了几个 MPC 的里程碑，例如已经能够充分利用 10Gbit/s 的通信信道实现 MPC。然而，我们在算法性能优化方面遇到了一些障碍，例如 Zahur 等人（Zahur et al.，2015）证明加密 AND 门至少需要两个密文。对于基于姚氏乱码电路的通用 MPC 协议来说，这一悲观结论可能会降低姚氏乱码电路协议的性能提升预期。

少数研究工作开始在 MPC 高效性和安全性之间进行权衡，我们在第 7 章已经围绕此议题展开了部分的讨论。这也体现出我们已经对性能优化障碍和数据处理需求有了更清晰的认识。权衡信息泄漏量的另一个可能方向是，放弃已有协议中对核心协议的强安全性要求，通过泄漏额外的一部分信息而获得更大的效率提升空间。

如果要问哪类 MPC 操作的性能提升需求最迫切，实现安全访问随机存储位置的操作首当其冲。尽管我们在第 5 章已经描述了所有的性能改进方案，但当前 ORAM 协议的性能仍然较低，已成为限制 MPC 在大数据领域应用的最主要瓶颈。在缺乏令人满意的完全安全解决方案的情况下，ORAM 的另一种替代方案是在一定程度上允许泄漏数据访问模式，同时形式化分析泄漏数据访问模式对隐私性与安全性的影响程度。在很多场景下，可以通过使用编程语言中提供的工具或其他方法证明，在一定程度上泄漏访问模式是可接受的。

输出的信息泄漏。MPC 的目标是保护输入和中间计算结果的隐私性，但协议会在最后披露函数的输出。这引入了另一个研究领域，即不需要保护输入数据，但需要对输出数据进行控制，避免攻击者从输出数据中推断出隐私数据。控制输出信息泄漏的主要安全模型是*差分隐私*（Differential Privacy）（Dwork and Roth，2014），此技术在输出结果上增加用于保护隐私的噪声。已经有少数学者开始探索 MPC 与差分隐私的组合使用方法，从而为分布式数据计算提供端到端的隐私保护（Pettai and Laud，2015；Kairouz et al.，2015；He et al.，2017），但这一领域还处于起步阶段，在深入理解不同类型的信息泄漏对隐私性和安全性带来的影响之前，还有很多挑战问题需要得到解决。

切合实际的信任模型。当密码学家分析协议的安全性时，会假设每个参与方可以完全可信地执行自己这部分协议。但实际上，协议的执行过程是由复杂的软件和硬件来完成的，涉及上千个组件的协同和交互，而这上千个组件由不同的供应商或程序员提供。我们在本书中讨论的恶意安全 MPC 协议为用户提供了强有力的安全性保证，无论其他参与方进行了何种操作，协议的安全性都可以得到保证。但是，为了完全信任 MPC 应用程序，用户还需要完全相信用于执行协议的系统可以正确地执行协议，尤其注意该系统具有用户隐私数据的完全访问权。这将引入很多其他的问题，如保证协议的实现中没有泄漏用户数据的侧信道，以及让用户知晓系统可以正确地执行协议中的所有步骤，不会尝试泄漏用户的私有输入。

如何构建可被完全信任的计算系统？这是一个长期存在、极具挑战的问题。所有涉及安全的计算系统都存在这一问题，但在考虑 MPC 协议的安全性时这个问题尤为突出。很多实际部署的 MPC 系统最终都要求所有参与方运行同一套软件,此软件由一个单独的可信参与方提供,且没有任何审计措施。在实际中,这比将所有数据提供给软件开发商提供了更好的安全性保证。但从理论上讲,这种行为与将所有明文数据完全交给软件(或硬件)提供商的行为没什么本质的不同。

MPC 技术之所以有如此大的吸引力,是因为可以用 MPC 减轻对单一计算系统的信任程度。如果能对隐私数据进行秘密分享,并应用 MPC 在两个系统中完成计算,用户就不需要再担心某一个系统因软件实现漏洞所导致的数据泄漏问题了。即使系统实现存在漏洞,甚至系统硬件存在侧信道攻击,由于隐私数据对于系统来说根本就是不可见的,因此隐私数据在 MPC 协议下仍然得到了密码学层面的严格保护。

找到合适的方式向终端用户传达他们数据的披露方式,以及他们在提供数据时需要信任什么,这是未来计算系统所面临的主要挑战。对于像 MPC 这样的隐私增强技术来说,只有在这方面取得进展,才能够为绝大多数计算用户提供有意义的、可理解的隐私保护功能。否则,MPC 技术只能为拥有密码学专家和程序分析师的大型公司和组织带来收益。

我们希望以乐观的态度来结束这本书。越来越多的用户已经意识到,用户个人数据会因数据安全问题而导致泄漏,或被利益与其用户利益不一致的公司所滥用。欧盟《通用数据保护条例》(General Data Protection Regulation,GDPR)等新法规的出台,导致各公司要为持有个人数据承担数据泄漏风险。MPC 已经成为一种功能强大的密码学原语。在设计隐私保护应用程序时,MPC 可以为组织和个人带来更多的技术选项。虽然还有很多挑战问题有待解决,但 MPC(以及广义上的安全计算技术)已成为一个年轻而充满活力的研究领域,有大量创新、开发和应用的机会。

中英文术语表

英文术语	本书翻译	其他常见翻译
Advanced Encryption Standard (AES)	高级加密标准	
Adversary	攻击者	敌手/使坏者
Authenticated Garbling	可认证乱码电路	可认证乱码方案
Authenticated Secret Sharing	可认证秘密分享	
Circuit Evaluator	电路求值方	
Circuit Generator	电路生成方	
Commitment	承诺	
Corruption	攻陷	腐蚀
Covert Security	隐蔽安全性	
Cuckoo Hash	布谷鸟哈希	
Computational Security	计算安全性	
Cut-and-Choose	切分选择	复制选择
Distributed Point Function (DPF)	分布式点函数	
Dual Execution	对偶执行	双重执行
Enclave	安全区	飞地
Entry	条目	数据项
Fairness	公平性	
Fully Homomorphic Encryption (FHE)	全同态加密	
Functionality	功能函数	功能/函数/泛函

（续）

英文术语	本书翻译	其他常见翻译
Function Secret Sharing	函数秘密分享	泛函秘密分享
Game	游戏	博弈
Garbled Circuit (GC)	乱码电路	混淆电路
Garbled Gate	乱码门	
Garbled Table	乱码表	
Garbled Row Reduction (GRR)	乱码行缩减	乱码行约减
General Data Protection Regulation	通用数据保护条例	
Guaranteed Output Delivery	保证输出交付性	
Half Gates	半门	
Homomorphic Encryption (HE)	同态加密	
Honest Majority	多数诚实	
Information-Theoretic Security	信息论安全性	
Malicious Security	恶意安全性	
Message Authenticated Code (MAC)	消息认证码	
MPC in the Head	冥想 MPC	
Multiplication Triple	乘法三元组	
Negligible Function	可忽略函数	
Oblivious PRF (OPRF)	不经意 PRF	
Oblivious RAM (ORAM)	不经意 RAM	
Oblivious Transfer (OT)	不经意传输	茫然传输/默然传输
Outsourced Computation	外包计算	
Permute and Point	定向置换	
Point-and-Permute	标识置换	
Privacy-Preserving Application	隐私保护应用程序	保护隐私应用程序
Private Information Retrieval (PIR)	隐私信息检索	
Private Set Intersection (PSI)	隐私保护集合求交	隐私集合求交/安全交集运算
Pseudo-Random Function (PRF)	伪随机函数	
Pseudo-Random Generator (PRG)	伪随机数生成器	
Publicly Verifiable Covert Security (PVC)	公开可验证隐蔽安全性	

（续）

英文术语	本书翻译	其他常见翻译
Random Access Machine（RAM）	随机存取机	随机访问机
Random Oracle（RO）	随机预言	
Reactive Functionality	交互功能函数	交互函数
Real-Ideal Paradigm	现实-理想范式	
Rewind	倒带	回退
Secret Sharing	秘密分享	秘密共享
Secure Function Evaluation（SFE）	安全函数求值	函数安全求值
Secure Multi-Party Computation（MPC）	安全多方计算	多方安全计算
Secure Two-Party Computation（2PC）	安全两方计算	两方安全计算
Security with Abort	可中止安全性	中止安全性
Selective Abort Attack	选择性中止攻击	
Semi-Honest Security	半诚实安全性	
Server-Aided	服务器辅助	
Share	秘密份额	子秘密/秘密碎片
Simulator	仿真者	模仿者
Threshold	阈值	门限值
Trusted Third Party	可信第三方	
Universal Composability（UC）	通用可组合性	广义可组合性
View	视角	视图
Wire	导线	电线
Wire Label	导线标签	
Wire Value	导线值	
Zero-Knowledge Argument of Knowledge	零知识的知识论证	
Zero-Knowledge Proof（ZKP）	零知识证明	

参 考 文 献

Aly, A., M. Keller, E. Orsini, D. Rotaru, P. Scholl, N. Smart, and T. Wood. 2018. "Scale and Mamba Documentation". https://homes.esat.kuleuven.be/~nsmart/SCALE/Documentation.pdf.

Ames, S., C. Hazay, Y. Ishai, and M. Venkitasubramaniam. 2017. "Ligero: Lightweight Sublinear Arguments without a Trusted Setup". In: Proceedings of the 24th ACM SIGSAC Conference on Computer and Communications Security (CCS 2017). ACM. 2087-2104.

Araki, T., A. Barak, J. Furukawa, T. Lichter, Y. Lindell, A. Nof, K. Ohara, A. Watzman, and O. Weinstein. 2017. "Optimized Honest-Majority MPC for Malicious Adversaries-Breaking the 1 Billion-Gate Per Second Barrier". In: Proceedings of the 38th IEEE Symposium on Security and Privacy (S&P 2017). IEEE. 843-862.

Araki, T., J. Furukawa, Y. Lindell, A. Nof, and K. Ohara. 2016. "High-Throughput Semi-Honest Secure Three-Party Computation with an Honest Majority". In: Proceedings of the 23rd ACM SIGSAC Conference on Computer and Communications Security (CCS 2016). ACM. 805-817.

Asharov, G., A. Beimel, N. Makriyannis, and E. Omri. 2015a. "Complete Characterization of Fairness in Secure Two-Party Computation of Boolean Functions". In: Proceedings of the 12th Theory of Cryptography Conference (TCC 2015). Vol. 9014. Lecture Notes in Computer Science. Springer, Berlin, Heidelberg. 199-228.

Asharov, G., A. Jain, and D. Wichs. 2011. "Multiparty Computation with Low

Communication, Computation and Interaction via Threshold FHE". In: Proceedings of the 31st Annual International Conference on the Theory and Applications of Cryptographic Techniques (EUROCRYPT 2012). Vol. 7237. Lecture Notes in Computer Science. Springer, Berlin, Heidelberg. 483-501.

Asharov, G. , Y. Lindell, T. Schneider, and M. Zohner. 2015b. "More Efficient Oblivious Transfer Extensions with Security for Malicious Adversaries". In: Proceedings of the 34th Annual International Conference on the Theory and Applications of Cryptographic Techniques (EUROCRYPT 2015). Vol. 9056. Lecture Notes in Computer Science. Springer, Berlin, Heidelberg. 673-701.

Asharov, G. and C. Orlandi. 2012. "Calling Out Cheaters: Covert Security with Public Verifiability". In: Proceedings of the 18th International Conference on the Theory and Application of Cryptology and Information Security (ASIACRYPT 2012). Vol. 7658. Lecture Notes in Computer Science. Springer, Berlin, Heidelberg. 681-698.

Aumann, Y. and Y. Lindell. 2007. "Security against Covert Adversaries: Efficient Protocols for Realistic Adversaries". In: Proceedings of the 4th Theory of Cryptography Conference (TCC 2007). Vol. 4392. Lecture Notes in Computer Science. Springer, Berlin, Heidelberg. 137-156.

Bahmani, R. , M. Barbosa, F. Brasser, B. Portela, A. R. Sadeghi, Guillaume, Scerri, and B. Warinschi. 2017. "Secure Multiparty Computation from SGX". In: Proceedings of the 21st International Conference on Financial Cryptography and Data Security (FC 2017). Vol. 10322. Lecture Notes in Computer Science. Springer, Cham. 477-497.

Ball, M. , T. Malkin, and M. Rosulek. 2016. "Garbling Gadgets for Boolean and Arithmetic Circuits". In: Proceedings of the 23rd ACM SIGSAC Conference on Computer and Communications Security (CCS 2016). ACM. 565-577.

Bar-Ilan Center for Research in Applied Cryptography and Cyber Security. 2014. "SCAPI: Secure Computation API". https://cyber.biu.ac.il/scapi/.

Beaver, D. 1991. "Efficient Multiparty Protocols Using Circuit Randomization". In: Proceedings of the 11th Annual International Cryptology Conference (CRYPTO

1991). Vol. 576. Lecture Notes in Computer Science. Springer, Berlin, Heidelberg. 420-432.

Beaver, D. 1995. "Precomputing Oblivious Transfer". In: Proceedings of the 15th Annual International Cryptology Conference (CRYPTO 1995). Vol. 963. Lecture Notes in Computer Science. Springer, Berlin, Heidelberg. 97-109.

Beaver, D. 1996. "Correlated Pseudorandomness and the Complexity of Private Computations". In: Proceedings of the 28th Annual ACM Symposium on Theory of Computing (STOC 1996). ACM. 479-488.

Beaver, D., S. Micali, and P. Rogaway. 1990. "The Round Complexity of Secure Protocols". In: Proceedings of the 22nd Annual ACM Symposium on Theory of Computing (STOC 1990). ACM. 503-513.

Beerliová-Trubíniová, Z. and M. Hirt. 2008. "Perfectly-Secure MPC with Linear Communication Complexity". In: Proceedings of the 5th Theory of Cryptography Conference (TCC 2008). Vol. 4948. Lecture Notes in Computer Science. Springer, Berlin, Heidelberg. 213-230.

Beimel, A. and B. Chor. 1992. "Universally Ideal Secret Sharing Schemes". In: Proceedings of the 12th Annual International Cryptology Conference (CRYPTO 1992). Vol. 740. Lecture Notes in Computer Science. Springer, Berlin, Heidelberg. 183-195.

Bellare, M., V. T. Hoang, S. Keelveedhi, and P. Rogaway. 2013. "Efficient Garbling from a Fixed-Key Blockcipher". In: Proceedings of the 34th IEEE Symposium on Security and Privacy (S&P 2013). IEEE. 478-492.

Bellare, M., V. T. Hoang, and P. Rogaway. 2012. "Foundations of Garbled Circuits". In: Proceedings of the 19th ACM SIGSAC Conference on Computer and Communications Security (CCS 2012). ACM. 784-796.

Bellare, M. and P. Rogaway. 1993. "Random Oracles Are Practical: A Paradigm for Designing Efficient Protocols". In: Proceedings of the 1st ACM SIGSAC Conference on Computer and Communications Security (CCS 1993). ACM. 62-73.

Ben-Or, M., S. Goldwasser, and A. Wigderson. 1988. "Completeness Theorems for Non-Cryptographic Fault-Tolerant Distributed Computation". In: Proceedings of the 20th Annual ACM Symposium on Theory of Computing (STOC 1988).

ACM. 1-10.

Bendlin, R. , I. Damgård, C. Orlandi, and S. Zakarias. 2011. "Semi-Homomorphic Encryption and Multiparty Computation". In: Proceedings of the 30th Annual International Conference on the Theory and Applications of Cryptographic Techniques (EUROCRYPT 2011). Vol. 6632. Lecture Notes in Computer Science. Springer, Berlin, Heidelberg. 169-188.

Bestavros, A. , A. Lapets, and M. Varia. 2017. "User-Centric Distributed Solutions for Privacy-Preserving Analytics". Communications of the ACM. 2nd ser. : 37-39.

Biryukov, A. , D. Khovratovich, and I. Nikolić. 2009. "Distinguisher and Related-Key Attack on the Full AES-256". In: Proceedings of the 29th Annual International Cryptology Conference (CRYPTO 2009). Vol. 5677. Lecture Notes in Computer Science. Springer, Berlin, Heidelberg. 231-249.

Bogdanov, D. 2015. "Smarter Decisions with No Privacy Breaches-Practical Secure Computation for Governments and Companies". https://rwc. iacr. org/2015/ Slides/RWC-2015-Bogdanov-final. pdf.

Bogdanov, D. , S. Laur, and J. Willemson. 2008. "Sharemind: A Framework for Fast Privacy-Preserving Computations". In: Proceedings of the 13th European Symposium on Research in Computer Security (ESORICS 2008). Vol. 5283. Lecture Notes in Computer Science. Springer, Berlin, Heidelberg. 192-206.

Bogetoft, P. , D. L. Christensen, I. Damgård, M. Geisler, T. Jakobsen, M. Krøigaard, J. D. Nielsen, J. B. Nielsen, K. Nielsen, J. Pagter, et al. 2009. "Secure Multiparty Computation Goes Live". In: Proceedings of the 13th International Conference on Financial Cryptography and Data Security (FC 2009). Vol. 5628. Lecture Notes in Computer Science. Springer, Berlin, Heidelberg. 325-343.

Boneh, D. , E.-J. Goh, and K. Nissim. 2005. "Evaluating 2-DNF Formulas on Ciphertexts". In: Proceedings of the 2nd Theory of Cryptography Conference (TCC 2005). Vol. 3378. Lecture Notes in Computer Science. Springer, Berlin, Heidelberg. 325-341.

Boyle, E. , N. Gilboa, and Y. Ishai. 2016a. "Breaking the Circuit Size Barrier for Secure Computation under DDH". In: Proceedings of the 36th Annual International

Cryptology Conference (CRYPTO 2016). Vol. 9814. Lecture Notes in Computer Science. Springer, Berlin, Heidelberg. 509-539.

Boyle, E., N. Gilboa, and Y. Ishai. 2016b. "Function Secret Sharing: Improvements and Extensions". In: Proceedings of the 23rd ACM SIGSAC Conference on Computer and Communications Security (2016). ACM. 1292-1303.

Boyle, E., Y. Ishai, and A. Polychroniadou. 2018. "Limits of Practical Sublinear Secure Computation". In: Proceedings of the 38th Annual International Cryptology Conference (CRYPTO 2018). Vol. 10993. Lecture Notes in Computer Science. Springer, Cham. 302-332.

Brandão, L. T. 2013. "Secure Two-Party Computation with Reusable Bit-commitments, via a Cut-and-Choose with Forge-and-Lose Technique". In: Proceedings of the 19th International Conference on the Theory and Application of Cryptology and Information Security (ASIACRYPT 2013). Vol. 8270. Lecture Notes in Computer Science. Springer, Berlin, Heidelberg. 441-463.

Brickell, J., D. E. Porter, V. Shmatikov, and E. Witchel. 2007. "Privacy-Preserving Remote Diagnostics". In: Proceedings of the 24th ACM SIGSAC Conference on Computer and Communications Security (CCS 2017). ACM. 498-507.

Buescher, N. and S. Katzenbeisser. 2015. "Faster Secure Computation through Automatic Parallelization". In: USENIX Security 2015. USENIX Association. 531-546.

Buescher, N., A. Weber, and S. Katzenbeisser. 2018. "Towards Practical RAM Based Secure Computation". In: Proceedings of the 23rd European Symposium on Research in Computer Security (ESORICS 2018). Vol. 11099. Lecture Notes in Computer Science. Springer, Cham. 416-437.

Burkhart, M., M. Strasser, D. Many, and X. Dimitropoulos. 2010. "SEPIA: Privacy-Preserving Aggregation of Multi-Domain Network Events and Statistics". In: Proceedings of the 19th USENIX Security Symposium (USENIX Security 2010). USENIX Association. 223-239.

Calctopia, Inc. 2017. "SECCOMP-The Secure Spreadsheet". https://www.calctopia.com/.

Canetti, R. 2001. "Universally Composable Security: A New Paradigm for

Cryptographic Protocols". In: Proceedings of the 42nd IEEE Annual Symposium on Foundations of Computer Science (FOCS 2001). IEEE. 136-145.

Canetti, R., A. Cohen, and Y. Lindell. 2015. "A Simpler Variant of Universally Composable Security for Standard Multiparty Computation". In: Proceedings of the 35th Annual International Cryptology Conference (CRYPTO 2015). Vol. 9216. Lecture Notes in Computer Science. Springer, Berlin, Heidelberg. 3-22.

Canetti, R., O. Goldreich, and S. Halevi. 1998. "The Random Oracle Methodology, Revisited (Preliminary Version)". In: Proceedings of the 30th Annual ACM Symposium on Theory of Computing (STOC 1998). ACM. 209-218.

Canetti, R., A. Jain, and A. Scafuro. 2014. "Practical UC Security with a Global Random Oracle". In: Proceedings of the 21st ACM SIGSAC Conference on Computer and Communications Security (CCS 2014). ACM. 597-608.

Carter, H., B. Mood, P. Traynor, and K. Butler. 2013. "Secure Outsourced Garbled Circuit Evaluation for Mobile Devices". In: Proceedings of the 22nd USENIX Security Symposium (USENIX Security 2013). USENIX Association. 289-304.

Carter, H., B. Mood, P. Traynor, and K. Butler. 2016. "Secure Outsourced Garbled Circuit Evaluation for Mobile Devices". Journal of Computer Security. 24 (2): 137-180.

Cash, D., P. Grubbs, J. Perry, and T. Ristenpart. 2015. "Leakage-Abuse Attacks against Searchable Encryption". In: Proceedings of the 22nd ACM SIGSAC Conference on Computer and Communications Security (CCS 2015). ACM. 668-679.

Chan, T., K.-M. Chung, B. M. Maggs, and E. Shi. 2019. "Foundations of Differentially Oblivious Algorithms". In: Proceedings of the 30th Annual ACM-SIAM Symposium on Discrete Algorithms (SODA 2019). Society for Industrial and Applied Mathematics. 2448-2467.

Chandran, N., J. A. Garay, P. Mohassel, and S. Vusirikala. 2017. "Efficient, Constant-Round and Actively Secure MPC: Beyond the Three-Party Case". In: Proceedings of the 24th ACM SIGSAC Conference on Computer and Communications Security (CCS 2017). ACM. 277-294.

Chase, M., D. Derler, S. Goldfeder, C. Orlandi, S. Ramacher, C. Rechberger, D.

Slamanig, and G. Zaverucha. 2017. "Post-Quantum Zeroknowledge and Signatures from Symmetric-Key Primitives". In: Proceedings of the 24th ACM SIGSAC Conference on Computer and Communications Security (CCS 2017). ACM. 1825-1842.

Chaum, D. 1984. "Blind Signature System". In: Proceedings of the 4th Annual International Cryptology Conference (CRYPTO 1984). Springer, Boston, MA. 153-153.

Chaum, D., C. Crépeau, and I. Damgard. 1988. "Multiparty Unconditionally Secure Protocols". In: Proceedings of the 20th Annual ACM Symposium on Theory of Computing (STOC 1988). ACM. 11-19.

Chillotti, I., N. Gama, M. Georgieva, and M. Izabachene. 2016. "Faster Fully Homomorphic Encryption: Bootstrapping in Less Than 0.1 Seconds". In: Proceedings of the 22nd International Conference on the Theory and Application of Cryptology and Information Security (AISACRYPT 2016). Vol. 9056. Lecture Notes in Computer Science. Springer, Berlin, Heidelberg. 3-33.

Chillotti, I., N. Gama, M. Georgieva, and M. Izabachène. 2017. "Faster Packed Homomorphic Operations and Efficient Circuit Bootstrapping for TFHE". In: Proceedings of the 23rd International Conference on the Theory and Application of Cryptology and Information Security (ASIACRYPT 2017). Vol. 10624. Lecture Notes in Computer Science. Springer, Cham. 377-408.

Choi, S. G., K.-W. Hwang, J. Katz, T. Malkin, and D. Rubenstein. 2012a. "Secure Multi-Party Computation of Boolean Circuits with Applications to Privacy in On-Line Marketplaces". In: Proceedings of the 12th Cryptographers' Track at the RSA Conference (CT-RSA 2012). Vol. 7178. Lecture Notes in Computer Science. Springer, Berlin, Heidelberg. 416-432.

Choi, S. G., J. Katz, R. Kumaresan, and H.-S. Zhou. 2012b. "On the Security of the "Free-XOR" Technique". In: Proceedings of the 9th Theory of Cryptography Conference (2012). Vol. 7194. Lecture Notes in Computer Science. Springer, Berlin, Heidelberg. 39-53.

Chor, B., O. Goldreich, E. Kushilevitz, and M. Sudan. 1995. "Private Information Retrieval". In: Proceedings of the 36th IEEE Annual Symposium on Foundations of

Computer Science (FOCS 1995). IEEE. 41-50.

Clarke, E., D. Kroening, and F. Lerda. 2004. "A Tool for Checking ANSIC Programs". In: Proceedings of the 10th International Conference on Tools and Algorithms for the Construction and Analysis of Systems (TACAS 2004). Vol. 2988. Lecture Notes in Computer Science. Springer, Berlin, Heidelberg. 168-176.

Cleve, R. 1986. "Limits on the Security of Coin Flips When Half the Processors Are Faulty". In: Proceedings of the 18th Annual ACM Symposium on Theory of Computing (STOC 1986). ACM. 364-369.

Cybernetica. 2017. "Track Big Data between Government and Education". https://sharemind.cyber.ee/big-data-analytics-protection/.

D'Arco, P. and R. De Prisco. 2016. "Secure Computation without Computers". Theoretical Computer Science. 651: 11-36.

D'Arco, P. and R. De Prisco. 2013. "Secure Two-Party Computation: A Visual Way". In: Proceedings of the 7th International Conference on Information Theoretic Security (ICITS 2013). Vol. 8317. Lecture Notes in Computer Science. Springer, Cham. 18-38.

Damgård, I. and M. Jurik. 2001. "A Generalisation, A Simplification and Some Applications of Paillier's Probabilistic Public-Key System". In: Proceedings of the 4th International Conference on Practice and Theory in Public Key Cryptography (PKC 2001). Vol. 1992. Lecture Notes in Computer Science. Springer, Berlin, Heidelberg. 119-136.

Damgård, I., M. Keller, E. Larraia, C. Miles, and N. P. Smart. 2012a. "Implementing AES via an Actively/Covertly Secure Dishonest-Majority MPC Protocol". In: Proceedings of the 8th International Conference on Security and Cryptography for Networks (SCN 2012). Vol. 7485. Lecture Notes in Computer Science. Springer, Berlin, Heidelberg. 241-263.

Damgård, I., J. B. Nielsen, M. Nielsen, and S. Ranellucci. 2017. "The Tinytable Protocol for 2-Party Secure Computation, or: Gate-Scrambling Revisited". In: Proceedings of the 37th Annual International Cryptology Conference (CRYPTO 2017). Vol. 10401. Lecture Notes in Computer Science. Springer, Cham. 167-187.

Damgård, I., V. Pastro, N. Smart, and S. Zakarias. 2012b. "Multiparty Computation from Somewhat Homomorphic Encryption". In: Proceedings of the 32nd Annual International Cryptology Conference (CRYPTO 2012). Vol. 7417. Lecture Notes in Computer Science. Springer, Berlin, Heidelberg. 643-662.

Damgård, I. and S. Zakarias. 2013. "Constant-Overhead Secure Computation of Boolean Circuits Using Preprocessing". In: Proceedings of the 10th Theory of Cryptography Conference (TCC 2013). Vol. 7785. Lecture Notes in Computer Science. Springer, Berlin, Heidelberg. 621-641.

De Cristofaro, E., M. Manulis, and B. Poettering. 2013. "Private Discovery of Common Social Contacts". International journal of information security. 12 (1): 49-65.

Demmler, D., T. Schneider, and M. Zohner. 2015. "ABY - A Framework for Efficient Mixed-Protocol Secure Two-Party Computation". In: Proceedings of the 22nd Annual Network and Distributed System Security Symposium (NDSS 2015). Internet Society.

Dessouky, G., F. Koushanfar, A.-R. Sadeghi, T. Schneider, S. Zeitouni, and M. Zohner. 2017. "Pushing the Communication Barrier in Secure Computation using Lookup Tables." In: Proceedings of the 24th Annual Network and Distributed System Security Symposium (NDSS 2017). Internet Society.

Doerner, J., D. Evans, and a. shelat. 2016. "Secure Stable Matching at Scale". In: Proceedings of the 23rd ACM SIGSAC Conference on Computer and Communications Security (CCS 2016). ACM. 1602-1613.

Doerner, J. and a. shelat. 2017. "Scaling ORAM for Secure Computation". In: Proceedings of the 24th ACM SIGSAC Conference on Computer and Communications Security (CCS 2017). ACM. 523-535.

Dwork, C. and A. Roth. 2014. "The Algorithmic Foundations of Differential Privacy". Foundations and Trends in Theoretical Computer Science. 9(3-4): 211-407.

Ejgenberg, Y., M. Farbstein, M. Levy, and Y. Lindell. 2012. "SCAPI: The Secure Computation Application Programming Interface". Cryptology ePrint Archive, Report 2012/629. https://eprint.iacr.org/2012/629.

Faber, S., S. Jarecki, S. Kentros, and B. Wei. 2015. "Three-Party ORAM for Secure Computation". In: Proceedings of the 21st International Conference on the Theory and Application of Cryptology and Information Security (ASIACRYPT 2015). Vol. 9452. Lecture Notes in Computer Science. Springer, Berlin, Heidelberg. 360-385.

Fan, X., C. Ganesh, and V. Kolesnikov. 2017. "Hashing Garbled Circuits for Free". In: Proceedings of the 36th Annual International Conference on the Theory and Applications of Cryptographic Techniques (EUROCRYPT 2017). Vol. 10212. Lecture Notes in Computer Science. Springer, Cham. 456-485.

Fisch, B. A., B. Vo, F. Krell, A. Kumarasubramanian, V. Kolesnikov, T. Malkin, and S. M. Bellovin. 2015. "Malicious-Client Security in Blind Seer: A Scalable Private DBMS". In: Proceedings of the 36th IEEE Symposium on Security and Privacy (S&P 2015). IEEE. 395-410.

Fraser, C. W. and D. R. Hanson. 1995. A Retargetable C Compiler: Design and Implementation. Addison-Wesley Longman Publishing Co., Inc.

Frederiksen, T. K., T. P. Jakobsen, J. B. Nielsen, and R. Trifiletti. 2015. "TinyLEGO: An Interactive Garbling Scheme for Maliciously Secure Two-party Computation." IACR Cryptology ePrint Archive, Report 2015/309. https://eprint.iacr.org/2015/309.

Frederiksen, T. K., T. P. Jakobsen, J. B. Nielsen, P. S. Nordholt, and C. Orlandi. 2013. "Minilego: Efficient Secure Two-Party Computation from General Assumptions". In: Proceedings of the 32nd Annual International Conference on the Theory and Applications of Cryptographic Techniques (EUROCRYPT 2013). Vol. 7881. Lecture Notes in Computer Science. Springer, Berlin, Heidelberg. 537-556.

Furukawa, J., Y. Lindell, A. Nof, and O. Weinstein. 2017. "High-Throughput Secure Three-Party Computation for Malicious Adversaries and an Honest Majority". In: Proceedings of the 36th Annual International Conference on the Theory and Applications of Cryptographic Techniques (EUROCRYPT 2017). Vol. 10211. Lecture Notes in Computer Science. Springer, Cham. 225 255.

Gallagher, B., D. Lo, P. F. Frandsen, J. B. Nielsen, and K. Nielsen. 2017.

"Insights Network - A Blockchain Data Exchange". https://s3. amazonaws. com/ insightsnetwork/InsightsNetworkWhitepaperV0.5.pdf.

Gascón, A. , P. Schoppmann, B. Balle, M. Raykova, J. Doerner, S. Zahur, and D. Evans. 2017. "Privacy-Preserving Distributed Linear Regression on High-Dimensional Data". Proceedings on Privacy Enhancing Technologies. 2017(4): 345-364.

Gentry, C. and S. Halevi. 2011. "Implementing Gentry's Fully-Homomorphic Encryption Scheme". In: Proceedings of the 30th Annual International Conference on the Theory and Applications of Cryptographic Techniques (EUROCRYPT 2011). Vol. 6632. Lecture Notes in Computer Science. Springer, Berlin, Heidelberg. 129-148.

Gentry, C. 2009. "Fully Homomorphic Eneryption Using Ideal Lattices". In: Proceedings of the 41st Annual ACM Symposium on Theory of Computing (STOC 2009). ACM. 169-178.

Giacomelli, I. , J. Madsen, and C. Orlandi. 2016. "ZKBoo: Faster Zero-Knowledge for Boolean Circuits". In: Proceedings of the 25th USENIX Security Symposium (USENIX Security 2016). USENIX Association. 1069-1083.

Gilboa, N. and Y. Ishai. 2014. "Distributed Point Functions and Their Applications". In: Proceedings of the 33rd Annual International Conference on the Theory and Applications of Cryptographic Techniques (EUROCRYPT 2014). Vol. 8441. Lecture Notes in Computer Science. Springer, Berlin, Heidelberg. 640-658.

Goldreich, O. 2009. Foundations of Cryptography: Volume 2, Basic Applications. Cambridge University Press.

Goldreich, O. , S. Micali, and A. Wigderson. 1987. "How to Play any Mental Game". In: Proceedings of the 19th Annual ACM Symposium on Theory of Computing (STOC 1987). ACM. 218-229.

Goldreich, O. and R. Ostrovsky. 1996. "Software Protection and Simulation on Oblivious Rams". Journal of the ACM. 43(3): 431-473.

Goldwasser, S. , S. Micali, and C. Rackoff. 1985. "The Knowledge Complexity of Interactive Proof-Systems". In: Proceedings of the 17th Annual ACM Symposium on Theory of Computing (STOC 1985). ACM. 291-304.

Goldwasser, S. and S. Micali. 1984. "Probabilistic Encryption". Journal of computer and system sciences. 28(2): 270-299.

Gordon, D. S., H. Carmit, J. Katz, and Y. Lindell. 2008. "Complete Fairness in Secure Two-Party Computation". In: Proceedings of the 40th Annual ACM Symposium on Theory of Computing (STOC 2008). ACM. 413-422.

Gordon, S. D., J. Katz, V. Kolesnikov, F. Krell, T. Malkin, M. Raykova, and Y. Vahlis. 2012. "Secure Two-Party Computation in Sublinear (Amortized) Time". In: Proceedings of the 19th ACM SIGSAC Conference on Computer and Communications Security (CCS 2012). ACM. 513-524.

Goyal, V., Y. Ishai, A. Sahai, R. Venkatesan, and A. Wadia. 2010. "Founding Cryptography on Tamper-Proof Hardware Tokens". In: Proceedings of the 7th Theory of Cryptography Conference (TCC 2010). Vol. 5978. Lecture Notes in Computer Science. Springer, Berlin, Heidelberg. 308-326.

Goyal, V., P. Mohassel, and A. Smith. 2008. "Efficient Two Party and Multi-Party Computation against Covert Adversaries". In: Proceedings of the 27th Annual International Conference on the Theory and Applications of Cryptographic Techniques (EUROCRYPT 2008). Vol. 4965. Lecture Notes in Computer Science. Springer, Berlin, Heidelberg. 289-306.

Gueron, S., Y. Lindell, A. Nof, and B. Pinkas. 2015. "Fast Garbling of Circuits under Standard Assumptions". In: Proceedings of the 22nd ACM SIGSAC Conference on Computer and Communications Security (CCS 2015). ACM. 567-578.

Gupta, D., B. Mood, J. Feigenbaum, K. Butler, and P. Traynor. 2016. "Using Intel Software Guard Extensions for Efficient Two-Party Secure Function Evaluation". In: Proceedings of the 20th International Conference on Financial Cryptography and Data Security (FC 2016). Vol. 9604. Lecture Notes in Computer Science. Springer, Berlin, Heidelberg. 302-318.

Gupta, T., H. Fingler, L. Alvisi, and M. Walfish. 2017. "Pretzel: Email Encryption and Provider-Supplied Functions Are Compatible". In: Proceedings of the 41th Annual Conference of the ACM Special Interest Group on Data Communication (SIGCOMM 2017). ACM. 169 182.

Halevi, S. and V. Shoup. 2015. "Bootstrapping for HElib". In: Proceedings of the 34th Annual International Conference on the Theory and Applications of Cryptographic Techniques (EUROCRYPT 2015). Vol. 9056. Lecture Notes in Computer Science. Springer, Berlin, Heidelberg. 641-670.

Hazay, C. and Y. Lindell. 2008. "Constructions of Truly Practical Secure Protocols Using Standardsmartcards". In: Proceedings of the 25th ACM SIGSAC Conference on Computer and Communications Security (CCS 2018). ACM. 491-500.

He, X., A. Machanavajjhala, C. Flynn, and D. Srivastava. 2017. "Composing Differential Privacy and Secure Computation: A Case Study on Scaling Private Record Linkage". In: Proceedings of the 24th ACM SIGSAC Conference on Computer and Communications Security (CCS 2017). ACM. 1389-1406.

Henecka, W., A.-R. Sadeghi, T. Schneider, I. Wehrenberg, et al. 2010. "TASTY: Tool for Automating Secure Two-Party Computations". In: Proceedings of the 17th ACM SIGSAC Conference on Computer and Communications Security (CCS 2010). ACM. 451-462.

Hofheinz, D. and V. Shoup. 2015. "GNUC: A New Universal Composability Framework". Journal of Cryptology. 28(3): 423-508.

Holzer, A., M. Franz, S. Katzenbeisser, and H. Veith. 2012. "Secure Two-Party Computations in ANSI C". In: Proceedings of the 19th ACM SIGSAC Conference on Computer and Communications Security (CCS 2012). ACM. 772-783.

Huang, Y., P. Chapman, and D. Evans. 2011a. "Privacy-Preserving Applications on Smartphones". In: Proceedings of the 6th USENIX Workshop on Hot Topics in Security (HotSec 2011). USENIX Association.

Huang, Y., D. Evans, and J. Katz. 2012a. "Private Set Intersection: Are Garbled Circuits Better Than Custom Protocols?" In: Proceedings of the 19th Annual Network and Distributed System Security Symposium (NDSS 2012). Internet Society.

Huang, Y., D. Evans, J. Katz, and L. Malka. 2011b. "Faster Secure Two-Party Computation Using Garbled Circuits". In: Proceedings of the 20th USENIX Security Symposium (USENIX Security 2011). USENIX Association. 331-335.

Huang, Y., J. Katz, and D. Evans. 2012b. "Quid-Pro-Quo-Tocols: Strengthening Semi-Honest Protocols with Dual Execution". In: Proceedings of the 33rd

IEEE Symposium on Security and Privacy (S&P 2012). IEEE. 272-284.

Huang, Y. , J. Katz, V. Kolesnikov, R. Kumaresan, and A. J. Malozemoff. 2014. "Amortizing Garbled Circuits". In: Proceedings of the 34th Annual International Cryptology Conference (CRYPTO 2014). Vol. 8617. Lecture Notes in Computer Science. Springer, Berlin, Heidelberg. 458-475.

Huang, Y. , L. Malka, D. Evans, and J. Katz. 2011c. "Efficient Privacy-Preserving Biometric Identification". In: Proceedings of the 18th Annual Network and Distributed System Security Symposium (NDSS 2011). Internet Society.

Husted, N. , S. Myers, a. shelat, and P. Grubbs. 2013. "GPU and CPU Parallelization of Honest-But-Curious Secure Two-Party Computation". In: Proceedings of the 29th Annual Computer Security Applications Conference (ACSAC 2013). ACM. 169-178.

Impagliazzo, R. and S. Rudich. 1989. "Limits onthe Provable Consequences of One-Way Permutations". In: Proceedings of the 21st Annual ACM Symposium on Theory of Computing (STOC 1989). ACM. 44-61.

Ishai, Y. , J. Kilian, K. Nissim, and E. Petrank. 2003. "Extending Oblivious Transfers Efficiently". In: Proceedings of the 23rd Annual International Cryptology Conference (CRYPTO 2003). Vol. 2729. Lecture Notes in Computer Science. Springer, Berlin, Heidelberg. 145-161.

Ishai, Y. , E. Kushilevitz, R. Ostrovsky, and A. Sahai. 2007. "Zero-Knowledgefrom Secure Multiparty Computation". In: Proceedings of the 39th Annual ACM Symposium on Theory of Computing (STOC 2007). ACM. 21-30.

Ishai, Y. , M. Prabhakaran, and A. Sahai. 2008. "Founding Cryptography on Oblivious Transfer - Efficiently". In: Proceedings of the 28th Annual International Cryptology Conference (CRYPTO 2008). Vol. 5157. Lecture Notes in Computer Science. Springer, Berlin, Heidelberg. 572-591.

Islam, M. S. , M. Kuzu, and M. Kantarcioglu. 2012. "Access Pattern Disclosure on Searchable Encryption: Ramification, Attack and Mitigation". In: Proceedings of the 19th Annual Network and Distributed System Security Symposium (NDSS 2012). Internet Society.

Jagadeesh, K. A., D. J. Wu, J. A. Birgmeier, D. Boneh, and G. Bejerano. 2017. "Deriving Genomic Diagnoses without Revealing Patient Genomes". Science. 357 (6352): 692-695.

Jakobsen, T. P., J. B. Nielsen, and C. Orlandi. 2016. "A Framework for Outsourcing of Secure Computation". Cryptology ePrint Archive, Report 2016/037. https://eprint.iacr.org/2016/037 (subsumes earlier version published in Proceedings of the 6th ACM Cloud Computing Security Workshop (CCSW 2014).

Jarecki, S. and V. Shmatikov. 2007. "Efficient Two-Party Secure Computationon Committed Inputs". In: Proceedings of the 26th Annual International Conference on the Theory and Applications of Cryptographic Techniques (EUROCRYPT 2007). Vol. 4515. Lecture Notes in Computer Science. Springer, Berlin, Heidelberg. 97-114.

Jawurek, M., F. Kerschbaum, and C. Orlandi. 2013. "Zero-Knowledge Using Garbled Circuits: How to Prove Non-Algebraic Statements Efficiently". In: Proceedings of the 20th ACM SIGSAC Conference on Computer and Communications Security (CCS 2013). ACM. 955-966.

Juma, A. and Y. Vahlis. 2010. "Protecting Cryptographic Keys against Continual Leakage". In: Proceedings of the 30th Annual International Cryptology Conference (CRYPTO 2010). Vol. 6223. Lecture Notes in Computer Science. Springer, Berlin, Heidelberg. 41-58.

Kairouz, P., S. Oh, and P. Viswanath. 2015. "Secure Multi-Party Differential Privacy". In: Proceedings of the 28th Annual Conference on Neural Information Processing Systems (NIPS 2015). 2008-2016.

Kamara, S., P. Mohassel, M. Raykova, and S. Sadeghian. 2014. "Scaling Private Set Intersection to Billion-Element Sets". In: Proceedings of the 18th International Conference on Financial Cryptography and Data Security (FC 2014). Vol. 8437. Lecture Notes in Computer Science. Springer, Berlin, Heidelberg. 195-215.

Kamara, S., P. Mohassel, and B. Riva. 2012. "Salus: A System for Server-Aided Secure Function Evaluation". In: Proceedings of the 19th ACM SIGSAC Conference on Computer and Communications Security (CCS 2012). ACM. 797-808.

Katz, J. 2007. "Universally Composable Multi-Party Computation Using Tamper-

Proof Hardware". In: Proceedings of the 26th Annual International Conference on the Theory and Applications of Cryptographic Techniques (EUROCRYPT 2007). Vol. 4515. Lecture Notes in Computer Science. Springer, Berlin, Heidelberg. 115-128.

Katz, J., V. Kolesnikov, and X. Wang. 2018. "Improved Non-Interactive Zero Knowledge with Applications to Post-Quantum Signatures". In: Proceedings of the 25th ACM SIGSAC Conference on Computer and Communications Security (CCS 2018). ACM. 525-537.

Keller, M., E. Orsini, and P. Scholl. 2015. "Actively Secure OT Extension with Optimal Overhead". In: Proceedings of the 35th Annual International Cryptology Conference (CRYPTO 2015). Vol. 9215. Lecture Notes in Computer Science. Springer, Berlin, Heidelberg. 724-741.

Keller, M., E. Orsini, and P. Scholl. 2016. "MASCOT: Faster Malicious Arithmetic Secure Computation with Oblivious Transfer". In: Proceedings of the 23rd ACM SIGSAC Conference on Computer and Communications Security (CCS 2016). ACM. 830-842.

Keller, M., V. Pastro, and D. Rotaru. 2018. "Overdrive: Making SPDZ Great Again". In: Proceedings of the 37th Annual International Conference on the Theory and Applications of Cryptographic Techniques (EUROCRYPT 2018). Vol. 10822. Lecture Notes in Computer Science. Springer, Cham. 158-189.

Keller, M. and P. Scholl. 2014. "Efficient, Oblivious Data Structures for MPC". In: Proceedings of the 20th International Conference on the Theory and Application of Cryptology and Information Security (ASIACRYPT 2014). Vol. 8874. Lecture Notes in Computer Science. Springer, Berlin, Heidelberg. 506-525.

Kempka, C., R. Kikuchi, and K. Suzuki. 2016. "How to Circumvent the Two-Ciphertext Lower Bound for Linear Garbling Schemes". In: Proceedings of the 22nd International Conference on the Theory and Application of Cryptology and Information Security (ASIACRYPT 2016). Vol. 10032. Lecture Notes in Computer Science. Springer, Berlin, Heidelberg. 967-997.

Kennedy, W. S., V. Kolesnikov, and G. Wilfong. 2017. "Overlaying Conditional Circuit Clauses for Secure Computation". In: Proceedings of the 23rd International

Conference on the Theory and Application of Cryptology and Information Security (ASIACRYPT 2017). Vol. 10625. Lecture Notes in Computer Science. Springer, Cham. 499-528.

Kerschbaum, F., T. Schneider, and A. Schröpfer. 2014. "Automatic Protocol Selection in Secure Two-Party Computations". In: Proceedings of the 12th International Conference on Applied Cryptography and Network Security (ACNS 2014). Vol. 8479. Lecture Notes in Computer Science. Springer, Cham. 566-584.

Kilian, J. 1988. "Founding Crytpography on Oblivious Transfer". In: Proceedings of the 20th Annual ACM Symposium on Theory of Computing (STOC 1988). ACM. 20-31.

Kiraz, M. and B. Schoenmakers. 2006. "A Protocol Issue for the Malicious Case of Yao's Garbled Circuit Construction". In: Proceedings of the 27th Symposium on Information Theory in the Benelux. 283-290.

Knudsen, L. R. and V. Rijmen. 2007. "Known-Key Distinguishers for Some Block Ciphers". In: Proceedings of the 13th International Conference on the Theory and Application of Cryptology and Information Security (ASIACRYPT 2007). Vol. 4833. Lecture Notes in Computer Science. Springer, Berlin, Heidelberg. 315-324.

Kolesnikov, V. 2005. "Gate Evaluation Secret Sharing and Secure One-Round Two-Party Computation". In: Proceedings of the 11th International Conference on the Theory and Application of Cryptology and Information Security (AISACRYPT 2005). Vol. 3788. Lecture Notes in Computer Science. Springer, Berlin, Heidelberg. 136-155.

Kolesnikov, V. 2006. "Secure Two-Party Computation and Communication". PhD thesis. University of Toronto.

Kolesnikov, V. 2010. "Truly Efficient String Oblivious Transfer Using Resettable Tamper-Proof Tokens". In: Proceedings of the 7th Theory of Cryptography Conference (TCC 2010). Vol. 5978. Lecture Notes in Computer Science. Springer, Berlin, Heidelberg. 327-342.

Kolesnikov, V. and R. Kumaresan. 2013. "Improved OT Extension for Transferring Short Secrets". In: Proceedings of the 33rd Annual International Cryptology Conference

(CRYPTO 2013). Vol. 8043. Lecture Notes in Computer Science. Springer, Berlin, Heidelberg. 54-70.

Kolesnikov, V., R. Kumaresan, M. Rosulek, and N. Trieu. 2016. "Efficient Batched Oblivious PRF with Applications to Private Set Intersection". In: Proceedings of the 23rd ACM SIGSAC Conference on Computer and Communications Security (CCS 2016). ACM. 818-829.

Kolesnikov, V. and A. J. Malozemoff. 2015. "Public Verifiability in the Covert Model (Almost) for Free". In: Proceedings of the 21st International Conference on the Theory and Application of Cryptology and Information Security (ASIACRYPT 2015). Vol. 9453. Lecture Notes in Computer Science. Springer, Berlin, Heidelberg. 210-235.

Kolesnikov, V., N. Matania, B. Pinkas, M. Rosulek, and N. Trieu. 2017a. "Practical Multi-Party Private Set Intersection from Symmetric-Key Techniques". In: Proceedings of the 24th ACM SIGSAC Conference on Computer and Communications Security (CCS 2017). ACM. 1257-1272.

Kolesnikov, V., P. Mohassel, B. Riva, and M. Rosulek. 2015. "Richer Efficiency/ Security Trade-Offs in 2PC". In: Proceedings of the 12th Theory of Cryptography Conference (TCC 2015). Vol. 9014. Lecture Notes in Computer Science. Springer, Berlin, Heidelberg. 229-259.

Kolesnikov, V., P. Mohassel, and M. Rosulek. 2014. "FleXOR: Flexible Garbling for XOR Gates that Beats Free-XOR". In: Proceedings of the 34th Annual International Cryptology Conference (CRYPTO 2014). Vol. 8617. Lecture Notes in Computer Science. Springer, Berlin, Heidelberg. 440-457.

Kolesnikov, V., J. B. Nielsen, M. Rosulek, N. Trieu, and R. Trifiletti. 2017b. "DUPLO: Unifying Cut-And-Choose for Garbled Circuits". In: Proceedings of the 24th ACM SIGSAC Conference on Computer and Communications Security (CCS 2017). ACM. 3-20.

Kolesnikov, V., A.-R. Sadeghi, and T. Schneider. 2009. "Improved Garbled Circuit Building Blocks and Applications to Auctions and Computing Minima". In: CANS 2009. Vol. 5888. Lecture Notes in Computer Science. Springer, Berlin,

Heidelberg. 1-20.

Kolesnikov, V., A.-R. Sadeghi, and T. Schneider. 2010. "From Dust to Dawn: Practically Efficient Two-Party Secure Function Evaluation Protocols and their Modular Design". Cryptology ePrint Archive, Report 2010/079. https://eprint. iacr. org/2010/079.

Kolesnikov, V., A.-R. Sadeghi, and T. Schneider. 2013. "A Systematic Approach to Practically Efficient General Two-Party Secure Function Evaluation Protocols and Their Modular Design". Journal of Computer Security. 21 (2): 283-315.

Kolesnikov, V. and T. Schneider. 2008a. "A Practical Universal Circuit Construction and Secure Evaluation of Private Functions". In: Proceedings of the 12th International Conference on Financial Cryptography and Data Security (FC 2008). Vol. 5143. Lecture Notes in Computer Science. Springer, Berlin, Heidelberg. 83-97.

Kolesnikov, V. and T. Schneider. 2008b. "Improved Garbled Circuit: Free XOR Gates and Applications". In: Proceedings of the 35th International Colloquium on Automata, Languages and Programming (ICALP 2008). Vol. 5126. Lecture Notes in Computer Science. Springer, Berlin, Heidelberg. 486-498.

Kreuter, B. 2017. "Secure MPC at Google". Real World Crypto 2017.

Kreuter, B., a. shelat, B. Mood, and K. Butler. 2013. "PCF: A Portable Circuit Format for Scalable Two-Party Secure Computation". In: Proceedings of the 22nd USENIX Security Symposium (USENIX Security 2013). USENIX Association. 321-336.

Küsters, R., T. Truderung, and A. Vogt. 2012. "A Game-Based Definition of Coercion Resistance and Its Applications". Journal of Computer Security. 20 (6): 709-764.

Launchbury, J., I. S. Diatchki, T. DuBuisson, and A. Adams-Moran. 2012. "Efficient Lookup-Table Protocol in Secure Multiparty Computation". In: ACM SIGPLAN Notices. Vol. 47. No. 9. ACM. 189-200.

Lee, J., J. Jang, Y. Jang, N. Kwak, Y. Choi, C. Choi, T. Kim, M. Peinado, and B. B. Kang. 2017a. "Hacking in Darkness: Return-Oriented Programming against Secure

Enclaves". In: Proceedings of the 26th USENIX Security Symposium (USENIX Security 2017). USENIX Association. 523-539.

Lee, S., M.-W. Shih, P. Gera, T. Kim, H. Kim, and M. Peinado. 2017b. "Inferring Fine-grained Control Flow inside SGX Enclaves with Branch Shadowing". In: Proceedings of the 26th USENIX Security Symposium (USENIX Security 2017). USENIX Association. 557-574.

Li, M., S. Yu, N. Cao, and W. Lou. 2013. "Privacy-Preserving Distributed Profile Matching in Proximity-Based Mobile Social Networks". IEEE Transactions on Wireless Communications. 12(5): 2024-2033.

Lindell, Y. 2013. "Fast Cut-and-Choose Based Protocols for Malicious and Covert Adversaries". In: Proceedings of the 33rd Annual International Cryptology Conference (CRYPTO 2013). Vol. 8043. Lecture Notes in Computer Science. Springer, Berlin, Heidelberg. 1-17.

Lindell, Y. and B. Pinkas. 2007. "An Efficient Protocol for Secure Two-Party Computation in the Presence of Malicious Adversaries". In: Proceedings of the 26th Annual International Conference on the Theory and Applications of Cryptographic Techniques (EUROCRYPT 2007. Vol. 4515. Lecture Notes in Computer Science. Springer, Berlin, Heidelberg. 52-78.

Lindell, Y. and B. Pinkas. 2009. "A Proof of Security of Yao's Protocol for Two-Party Computation". Journal of cryptology. 22(2): 161-188.

Lindell, Y. and B. Pinkas. 2011. "Secure Two-Party Computation via Cut-and-Choose Oblivious Transfer". In: Proceedings of the 8th Theory of Cryptography Conference (TCC 2011). Vol. 6597. Lecture Notes in Computer Science. Springer, Berlin, Heidelberg. 329-346.

Lindell, Y., B. Pinkas, and N. P. Smart. 2008. "Implementing Two-Party Computation Efficiently with Security against Malicious Adversaries". In: Proceedings of the 6th International on Security and Cryptography for Networks (SCN 2008). Vol. 5229. Lecture Notes in Computer Science. Springer, Berlin, Heidelberg. 2-20.

Lindell, Y. and B. Riva. 2014. "Cut-and-Choose Yao-Based Secure Computation in the Online/Offline and Batch Settings". In: Proceedings of the 34th Annual International Cryptology Conference (CRYPTO 2014). Vol. 8617. Lecture Notes in Computer Science. Springer, Berlin, Heidelberg. 476-494.

Lindell, Y. and B. Riva. 2015. "Blazing Fast 2PC in the Offline/Online Setting with Security for Malicious Adversaries". In: Proceedings of the 22nd ACM SIGSAC Conference on Computer and Communications Security (CCS 2015). ACM. 579-590.

Liu, J., M. Juuti, Y. Lu, and N. Asokan. 2017. "Oblivious Neural Network Predictions via Minionn Transformations". In: Proceedings of the 24th ACM SIGSAC Conference on Computer and Communications Security (CCS 2017). ACM. 619-631.

López-Alt, A., E. Tromer, and V. Vaikuntanathan. 2012. "On-the-Fly Multiparty Computation on the Cloud via Multikey Fully Homomorphic Encryption". In: Proceedings of the 44th ACM Symposium on Theory of Computing (STOC 2012). ACM. 1219-1234.

Lu, S. and R. Ostrovsky. 2013. "How to Garble RAM Programs?" In: Proceedings of the 32nd Annual International Conference on the Theory and Applications of Cryptographic Techniques (EUROCRYPT 2013). Vol. 7881. Lecture Notes in Computer Science. Springer, Berlin, Heidelberg. 719-734.

Malkhi, D., N. Nisan, B. Pinkas, Y. Sella, et al. 2004. "Fairplay-Secure Two-Party Computation System". In: Proceedings of the 13th USENIX Security Symposium (USENIX Security 2004). USENIX Association.

Marlinspike, M. 2017. "TechnologyPreview: Private Contact Discovery for Signal". https://signal.org/blog/private-contact-discovery/.

Micali, S. and L. Reyzin. 2004. "Physically Observable Cryptography". In: Proceedings of the 1st Theory of Cryptography Conference (TCC 2004). Vol. 2951. Lecture Notes in Computer Science. Springer, Berlin, Heidelberg. 278-296.

Mishra, P., R. Poddar, J. Chen, A. Chiesa, and R. A. Popa. 2018. "Oblix: An Efficient Oblivious Search Index". In: Proceedings of the 39th IEEE Symposium on Security and Privacy (S&P 2018). IEEE. 279-296.

Mohassel, P. and M. Franklin. 2006. "Efficiency Tradeoffs for Malicious Two-Party Computation". In: Proceedings of the 9th International Conference on Theory and Practice of Public-Key Cryptography (PKC 2006). Vol. 3958. Lecture Notes in Computer Science. Springer, Berlin, Heidelberg. 458-473.

Mohassel, P. and B. Riva. 2013. "Garbled Circuits Checking Garbled Circuits: More Efficient and Secure Two-Party Computation". In: Proceedings of the 33rd Annual International Cryptology Conference (CRYPTO 2013). Vol. 8043. Lecture Notes in Computer Science. Springer, Berlin, Heidelberg. 36-53.

Mohassel, P. , M. Rosulek, and Y. Zhang. 2015. "Fast and Secure Three-Party Computation: The Garbled Circuit Approach". In: Proceedings of the 22nd ACM SIGSAC Conference on Computer and Communications Security (CCS 2015). ACM. 591-602.

Mohassel, P. and Y. Zhang. 2017. "SecureML: A System for Scalable Privacy-Preserving Machine Learning". In: Proceedings of the 38th IEEE Symposium on Security and Privacy (S&P 2017). IEEE. 19-38.

Mood, B. , D. Gupta, H. Carter, K. Butler, and P. Traynor. 2016. "Frigate: A Validated, Extensible, and Efficient Compiler and Interpreter for Secure Computation". In: Proceedings of the 1st IEEE European Symposium on Security and Privacy (EuroS&P 2016). IEEE. 112-127.

Mukherjee, P. and D. Wichs. 2016. "Two Round Multiparty Computation via Multi-Key FHE". In: Proceedings of the 35th Annual International Conference on the Theory and Applications of Cryptographic Techniques (EUROCRYPT 2016). Vol. 9666. Lecture Notes in Computer Science. Springer, Berlin, Heidelberg. 735-763.

Naccache, D. and J. Stern. 1998. "A New Public Key Cryptosystem Based on Higher Residues". In: Proceedings of the 5rh ACM SIGSAC Conference on Computer and Communications Security (CCS 1998). ACM. 59-66.

Naor, M. , B. Pinkas, and R. Sumner. 1999. "Privacy Preserving Auctions and Mechanism Design". In: Proceedings of the First ACM Conference on Electronic Commerce (EC 1999). ACM. 129-139.

Naveed, M. , S. Kamara, and C. V. Wright. 2015. "Inference Attacks on Property-

Preserving Encrypted Databases". In: Proceedings of the 22nd ACM SIGSAC Conference on Computer and Communications Security (CCS 2015). ACM. 644-655.

Nielsen, J. B., P. S. Nordholt, C. Orlandi, and S. S. Burra. 2012. "A New Approach to Practical Active-Secure Two-Party Computation". In: Proceedings of the 32nd Annual International Cryptology Conference (CRYPTO 2012). Vol. 7417. Lecture Notes in Computer Science. Springer, Berlin, Heidelberg. 681-700.

Nielsen, J. B. and C. Orlandi. 2009. "LEGO for Two-Party Secure Computation". In: Proceedings of the 6th Theory of Cryptography Conference (TCC 2009). Vol. 5444. Lecture Notes in Computer Science. Springer, Berlin, Heidelberg. 368-386.

Nikolaenko, V., S. Ioannidis, U. Weinsberg, M. Joye, N. Taft, and D. Boneh. 2013a. "Privacy-Preserving Matrix Factorization". In: Proceedings of the 20th ACM SIGSAC Conference on Computer and Communications Security (CCS 2013). ACM. 801-812.

Nikolaenko, V., U. Weinsberg, S. Ioannidis, M. Joye, D. Boneh, and N. Taft. 2013b. "Privacy-Preserving Ridge Regression on Hundreds of Millions of Records". In: Proceedings of the 34th IEEE Symposium on Security and Privacy (S&P 2013). IEEE. 334-348.

Ohrimenko, O., F. Schuster, C. Fournet, A. Mehta, S. Nowozin, K. Vaswani, and M. Costa. 2016. "Oblivious Multi-Party Machine Learning on Trusted Processors". In: Proceedings of the 25th USENIX Security Symposium (USENIX Security 2016). USENIX Association. 619-636.

Ostrovsky, R. and V. Shoup. 1997. "Private Information Storage". In: Proceedings of the 38th Annual ACM Symposium on Theory of Computing (STOC 1997). ACM. 294-303.

Pagh, R. and F. F. Rodler. 2004. "Cuckoo Hashing". Journal of Algorithms. 51 (2): 122-144. Paillier, P. 1999. "Public-Key Cryptosystems Based on Composite Degree Residuosity Classes". In: Proceedings of the 18th Annual International Conference on the Theory and Applications of Cryptographic Techniques (EUROCRYPT 1999). Vol. 1592. Lecture Notes in Computer Science. Springer, Berlin, Heidelberg. 223-238.

Pappas, V. , F. Krell, B. Vo, V. Kolesnikov, T. Malkin, S. G. Choi, W. George, A. Keromytis, and S. Bellovin. 2014. "Blind Seer: A Scalable Private DBMS". In: Proceedings of the 35th IEEE Symposium on Security and Privacy (S&P 2014). IEEE. 359-374.

Patra, A. and D. Ravi. 2018. "On the Exact Round Complexity of Secure Three-Party Computation". In: Proceedings of the 38th Annual International Cryptology Conference (CRYPTO 2018). Vol. 10992. Lecture Notes in Computer Science. Springer, Cham. 425-458.

Peikert, C. , V. Vaikuntanathan, and B. Waters. 2008. "A Framework for Efficient and Composable Oblivious Transfer". In: Proceedings of the 28th Annual International Cryptology Conference (CRYPTO 2008). Vol. 5157. Lecture Notes in Computer Science. Springer, Berlin, Heidelberg. 554-571.

Pettai, M. and P. Laud. 2015. "Combining Differential Privacy and Secure Multiparty Computation". In: Proceedings of the 31st Annual Computer Security Applications Conference (ACSAC 2015). ACM. 421-430.

Pfitzmann, B. and M. Waidner. 2000. "Composition and Integrity Preservation of Secure Reactive Systems". In: Proceedings of the 7th ACM SIGSAC Conference on Computer and Communications Security (CCS 2000). ACM. 245-254.

Pinkas, B. , T. Schneider, G. Segev, and M. Zohner. 2015. "Phasing: Private Set Intersection Using Permutation-Based Hashing". In: Proceedings of the 24th USENIX Security Symposium (USENIX Security 2015). USENIX Association. 515-530.

Pinkas, B. , T. Schneider, N. P. Smart, and S. C. Williams. 2009. "Secure Two-Party Computation is Practical". In: Proceedings of the 15th International Conference on the Theory and Application of Cryptology and Information Security (ASIACRYPT 2009). Vol. 5912. Lecture Notes in Computer Science. Springer, Berlin, Heidelberg. 250-267.

Pippenger, N. and M. J. Fischer. 1979. "Relations among Complexity Measures". Journal of the ACM. 26(2): 361-381.

Poddar, R. , T. Boelter, and R. A. Popa. 2016. "Arx: A Strongly Encrypted Database System". Cryptology ePrint Archive, Report 2016/591. https://eprint.

iacr. org/2016/591.

Priebe, C. , K. Vaswani, and M. Costa. 2018. "EnclaveDB: A Secure Database Using SGX". In: Proceedings of the 39th IEEE Symposium on Security and Privacy (S&P 2018). IEEE. 264-278.

Rastogi, A. , M. A. Hammer, and M. Hicks. 2014. "Wysteria: A programming language for generic, mixed-mode multiparty computations". In: Proceedings of the 35th IEEE Symposium on Security and Privacy (S&P 2014). IEEE. 655-670.

Rivest, R. L. , L. Adleman, M. L. Dertouzos, et al. 1978. "On Data Banks and Privacy Homomorphisms". Foundations of Secure Computation. 4(11): 169-180.

Rogaway, P. 1991. "The Round Complexity of Secure Protocols". PhD thesis. Massachusetts Institute of Technology.

Sadeghi, A.-R. , T. Schneider, and I. Wehrenberg. 2009. "Efficient Privacy-Preserving Face Recognition". In: Proceedings of the 12th International Conference on Information Security and Cryptology (ICSIC 2009). Vol. 5984. Lecture Notes in Computer Science. Springer, Berlin, Heidelberg. 229-244.

Schneider, T. and M. Zohner. 2013. "GMW vs. Yao? Efficient Secure Two-Party Computation with Low Depth Circuits". In: Proceedings of the 17th International Conference on Financial Cryptography and Data Security (FC 2013). Vol. 7859. Lecture Notes in Computer Science. Springer, Berlin, Heidelberg. 275-292.

Shamir, A. 1979. "Howto Share a Secret". Communications of the ACM. 22 (11): 612-613.

Shan, Z. , K. Ren, M. Blanton, and C. Wang. 2018. "Practical Secure Computation Outsourcing: A Survey". ACM Computing Surveys. 51(2): 31.

Shannon, C. E. 1938. "A Symbolic Analysis of Relay and Switching Circuits". Electrical Engineering. 57(12): 713-723.

Shaon, F. , M. Kantarcioglu, Z. Lin, and L. Khan. 2017. "SGX-Bigmatrix: A Practical Encrypted Data Analytic Framework with Trusted Processors". In: Proceedings of the 24th ACM SIGSAC Conference on Computer and Communications Security (CCS 2017). ACM. 1211-1228.

Shelat, a. and C.-h. Shen. 2011. "Two-Output Secure Computation with Malicious Adversaries". In: Proceedings of the 30th Annual International Conference on the Theory and Applications of Cryptographic Techniques (EUROCRYPT 2011). Vol. 6632. Lecture Notes in Computer Science. Springer, Berlin, Heidelberg. 386-405.

Shelat, a. and C.-h. Shen. 2013. "Fast Two-Party Secure Computation with Minimal Assumptions". In: Proceedings of the 20th ACM SIGSAC conference on Computer and communications security (CCS 2013). ACM. 523-534.

Shi, E., T.-H. H. Chan, E. Stefanov, and M. Li. 2011. "Oblivious RAM with $O((\log N)^3)$ worst-case cost". In: Proceedings of the 17th International Conference on the Theory and Application of Cryptology and Information Security (ASIACRYPT 2011). Vol. 7073. Lecture Notes in Computer Science. Springer, Berlin, Heidelberg. 197-214.

Songhori, E. M., S. U. Hussain, A.-R. Sadeghi, T. Schneider, and F. Koushanfar. 2015. "Tinygarble: Highly Compressed and Scalable Sequential Garbled Circuits". In: Proceedings of the 36th IEEE Symposium on Security and Privacy (S&P 2015). IEEE. 411-428.

Stefanov, E., M. Van Dijk, E. Shi, C. Fletcher, L. Ren, X. Yu, and S. Devadas. 2013. "Path ORAM: An Extremely Simple Oblivious RAM Protocol". In: Proceedings of the 20th ACM SIGSAC conference on Computer and communications security (CCS 2013). ACM. 299-310.

Unbound Tech. 2018. "How to Control Your Own Keys (CYOK) in the Cloud". https://www.unboundtech.com.

Van Bulck, J., M. Minkin, O. Weisse, D. Genkin, B. Kasikci, F. Piessens, M. Silberstein, T. F. Wenisch, Y. Yarom, and R. Strackx. 2018. "Foreshadow: Extracting the Keys to the Intel SGX Kingdom with Transient Out-of-Order Execution". In: Proceedings of the 27th USENIX Security Symposium (USENIX Security 2018). USENIX Association. 991-1008.

Wagh, S., P. Cuff, and P. Mittal. 2018. "Differentially Private Oblivious RAM". Proceedings on Privacy Enhancing Technologies. 2018(4): 64-84.

Waksman, A. 1968. "A Permutation Network". Journal of the ACM. 15 (1): 159-163.

Wang, X. S., Y. Huang, T. H. Chan, a. shelat, and E. Shi. 2014a. "SCORAM: Oblivious RAM for Secure Computation". In: Proceedings of the 21st ACM SIGSAC Conference on Computer and Communications Security (CCS 2014). ACM. 191-202.

Wang, X. S., Y. Huang, Y. Zhao, H. Tang, X. Wang, and D. Bu. 2015a. "Efficient Genome-Wide, Privacy-Preserving Similar Patient Query Based on Private Edit Distance". In: Proceedings of the 22nd ACM SIGSAC Conference on Computer and Communications Security (CCS 2015). ACM. 492-503.

Wang, X. S., K. Nayak, C. Liu, T. Chan, E. Shi, E. Stefanov, and Y. Huang. 2014b. "Oblivious Data Structures". In: Proceedings of the 21st ACM SIGSAC Conference on Computer and Communications Security (CCS 2014). ACM. 215-226.

Wang, X., H. Chan, and E. Shi. 2015b. "Circuit ORAM: On Tightness of the Goldreich-Ostrovsky Lower Bound". In: Proceedings of the 22nd ACM SIGSAC Conference on Computer and Communications Security (CCS 2015). ACM. 850-861.

Wang, X., A. J. Malozemoff, and J. Katz. 2017a. "EMP-Toolkit: Efficient Multi-Party Computation Toolkit". https://github.com/emp-toolkit.

Wang, X., S. Ranellucci, and J. Katz. 2017b. "Authenticated Garbling and Efficient Maliciously Secure Two-Party Computation". In: Proceedings of the 24th ACM SIGSAC Conference on Computer and Communications Security (CCS 2017). ACM. 21-37.

Wang, X., S. Ranellucci, and J. Katz. 2017c. "Global-Scale Secure Multiparty Computation". In: Proceedings of the 24th ACM SIGSAC Conference on Computer and Communications Security (CCS 2017). ACM. 39-56.

Winternitz, R. S. 1984. "A Secure One-Way Hash Function Built from DES". In: Proceedings of the 5th IEEE Symposium on Security and Privacy (S&P 1984). IEEE. 88-88.

Wyden, S. R. 2017. "S. 2169-Student Right to Know Before You Go Act of 2017". https://www.congress.gov/bill/115th-congress/senate-bill/2169/.

Xu, Y., W. Cui, and M. Peinado. 2015. "Controlled-Channel Attacks: Deterministic Side Channels for Untrusted Operating Systems". In: Proceedings of the 36th IEEE Symposium on Security and Privacy (S&P 2015). IEEE. 640-656.

Yao, A. C. 1982. "Protocols for Secure Computations". In: Proceedings of the 23rd IEEE Annual Symposium on Foundations of Computer Science (FOCS 1982). IEEE. 160-164.

Zahur, S. and D. Evans. 2013. "Circuit Structures for Improving Efficiency of Security and Privacy Tools". In: Proceedings of the 34th IEEE Symposium on Security and Privacy (S&P 2013). IEEE. 493-507.

Zahur, S. and D. Evans. 2015. "Obliv-C: A Language for Extensible Data-Oblivious Computation". Cryptology ePrint Archive, Report 2015/1153. http:// oblivc. org.

Zahur, S., M. Rosulek, and D. Evans. 2015. "Two Halves Make a Whole - Reducing Data Transfer in Garbled Circuits Using Half Gates". In: Proceedings of the 34th Annual International Conference on the Theory and Applications of Cryptographic Techniques (EUROCRYPT 2015). Vol. 9057. Lecture Notes in Computer Science. Springer, Berlin, Heidelberg. 220-250.

Zahur, S., X. Wang, M. Raykova, A. Gascón, J. Doerner, D. Evans, and J. Katz. 2016. "Revisiting Square-Root ORAM: Efficient Random Access in Multi-Party Computation". In: Proceedings of the 37th IEEE Symposium on Security and Privacy (S&P 2016). IEEE. 218-234.

Zhang, Y., A. Steele, and M. Blanton. 2013. "PICCO: A General-Purpose Compiler for Private Distributed Computation". In: Proceedings of the 20th ACM SIGSAC Conference on Computer and Communications Security (CCS 2013). ACM. 813-826.

Zheng, W., A. Dave, J. G. Beekman, R. A. Popa, J. E. Gonzalez, and I. Stoica. 2017. "Opaque: An Oblivious and Encrypted Distributed Analytics Platform". In: Proceedings of the 14th USENIX Symposium on Networked Systems Design and Implementation (NSDI 2017). USENIX Association. 283-298.

Zhu, R. and Y. Huang. 2017. "JIMU: Faster LEGO-Based Secure Computation

Using Additive Homomorphic Hashes". In: Proceedings of the 23rd International Conference on the Theory and Application of Cryptology and Information Security (AISACRYPT 2017). Vol. 10625. Lecture Notes in Computer Science. Springer, Cham. 529-572.

Zhu, R., Y. Huang, and D. Cassel. 2017. "Pool: Scalable On-Demand Secure Computation Service against Malicious Adversaries". In: Proceedings of the 24th ACM SIGSAC Conference on Computer and Communications Security (CCS 2017). ACM. 245-257.

Zhu, R., Y. Huang, J. Katz, and a. shelat. 2016. "The Cut-and-Choose Game and Its Application to Cryptographic Protocols". In: Proceedings of the 25th USENIX Security Symposium (USENIX Security 2016). USENIX Association. 1085-1100.

推荐阅读

网络空间安全防御与态势感知

作者：[美]亚历山大·科特（Alexander Kott）等编著 译者：黄晟 等译 黄晟 审校
ISBN：978-7-111-61053-3 定价：99.00 元

本书既包含了态势感知的内涵解读，也有全面的实现框架思考，更有对尚未解决的理论问题的探索，是网络空间态势感知领域罕有的完整而系统的基础文献。

—— 中国工程院院士 方滨兴

本书有助于规划和实践者走出网络安全态势感知能力建设中展示为主、有态无势的误区；回归有效管理情景态势、提供响应决策、支撑保障业务运营和风险控制的目标。

—— 中国工程院院士 廖湘科

网络安全与攻防策略：现代威胁应对之道（原书第2版）

作者：[美]尤里·迪奥赫内斯（Yuri Diogenes）等著 译者：赵宏伟 等译
ISBN：978-7-111-67925-7 定价：139.00 元

Azure 安全中心高级项目经理 & 2019 年网络安全影响力人物荣誉获得者联袂撰写，美亚畅销书全新升级。涵盖新的安全威胁和防御战略，介绍进行威胁猎杀和处理系统漏洞所需的技术和技能集。

Effective Cybersecurity中文版

作者：[美]威廉·斯托林斯（William Stallings）著 ISBN：978-7-111-64345-6 定价：149.00元

世界知名计算机学者和畅销书作家 Wiliam Stallings 亲笔撰写，全面涵盖实现网络安全所需的技术、操作程序和管理实践。